你不必与自己的天性为敌

朵娘 著

内 容 提 要

当代年轻人迫于各种压力，难免在情感、工作、社交中压抑自我，无法按照心中所愿去生活。本书对症年轻人常见的迷茫心态，围绕"解放天性"为他们拓宽了人生视角，进而帮他们打破内心的束缚，发现自身的价值，活出不一样的风采。

图书在版编目（CIP）数据

你不必与自己的天性为敌 / 朵娘著． -- 北京：中国水利水电出版社，2020.10
 ISBN 978-7-5170-8870-7

Ⅰ．①你… Ⅱ．①朵… Ⅲ．①成功心理－通俗读物 Ⅳ．① B848.4-49

中国版本图书馆 CIP 数据核字（2020）第 175195 号

书　　名	你不必与自己的天性为敌 NI BUBI YU ZIJI DE TIANXING WEIDI
作　　者	朵娘　著
出版发行	中国水利水电出版社 （北京市海淀区玉渊潭南路1号D座　100038） 网址：www.waterpub.com.cn E-mail：sales@waterpub.com.cn 电话：（010）68367658（营销中心）
经　　售	北京科水图书销售中心（零售） 电话：（010）88383994、63202643、68545874 全国各地新华书店和相关出版物销售网点
排　　版	北京水利万物传媒有限公司
印　　刷	天津旭非印刷有限公司
规　　格	146mm×210mm　32开本　9印张　193千字
版　　次	2020年10月第1版　2020年10月第1次印刷
定　　价	48.00元

凡购买我社图书，如有缺页、倒页、脱页的，本社发行部负责调换
版权所有·侵权必究

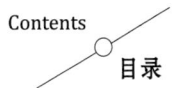

第一章
万事不抵我愿意

002 | 别颓丧,人间需要你　009 | 你必须活在每一件事情里　018 | 无须讨好别人,且让自己欢喜　026 | 你可以创造自己的人生"C位"　034 | 预言要自证,人生要自控　044 | 选择最难走的那条路　050 | 爱自己是终身浪漫的开始

第二章
谢谢自己够勇敢

060 | 愿你拥有转危为安的能力　067 | 一个女孩的自我救赎　075 | 爱一个人，就是爱一种生活方式　082 | 聪明的人，都很会"偷懒"　092 | 一切都是自己的安排　099 | 人生如弹簧，能伸也能缩　107 | 活成自己喜欢的样子需要多久

第三章
总要习惯一个人

116 | 与其自怜，不如自爱　123 | 放下，即新生　134 | "浓人"远交，"淡人"可近处　140 | 不剩不成精　146 | 世间好运，往往来自心酿　153 | 越舍得，越获得　161 | 来来往往，心安处才是故乡　168 | 通透的姑娘，早已熬过迷茫期

第四章

原谅所有不美好

176 | 认真生活的人,从来不会被辜负　182 | 有一种修养,叫遇事不指责　190 | 岁月静好是个陷阱　198 | 人生需要留白　206 | 出发前,先知道目的地在哪儿　213 | 和舒服的人在一起,就是养生

第五章

特立独行过一生

220 | 我们不能全是船长,必须有人是水手　229 | 有一种梦想,叫行动力　237 | 不低估自己,也别高估了别人　247 | 只要不怂,生活就没办法撂倒你　254 | 人生需要理财,更需要理才　263 | 一蓑雨水一蓑禾　274 | 岁月漫长,愿你我内心从容

第一章　万事不抵我愿意

ONE

别颓丧，人间需要你

一

人间值得吗？对于这个问题，韩悠悠自问自答了很多年。

小时候，韩悠悠险些被送人。童年里，她也是不被善待的那一个，父母的宠爱从来都在弟弟身上。

每当受委屈后，她蜷缩在黑暗里瑟瑟发抖时，都会忍不住向命运发问："为什么我从小到大如此波折？为什么我会出生在这样的家庭？为什么我得不到父母的关爱与认可？"

夜有多黑，她的内心就有多颓丧。

不由自主地，她常常念叨起日本诗人寺内寿太郎的话："生而为人，我很抱歉。"

在万丈悬崖边徘徊，韩悠悠极力安放自己那颗"玻璃心"，避免因头脑冲动带来遗憾。

第一章 万事不抵我愿意

她努力学习,去了四季如春的云南昆明读大学。云南的气候、风景、人情、美食……给她带来了全新的生命体验,唤醒了她对生活的热情。

大四那年,成绩优秀的她走出国门,去泰国做了半年交流生,异国风情助她进一步打开了眼界,心智也上升到了一个新的维度。

她意识到,从前的自己只知道拼尽全力去对抗世界,对抗出生时的冷遇,对抗缺少父母之爱的痛楚,对抗童年缺少玩乐的压抑,对抗青年时期的不顺利;而现在,她懂得:废墟也可以变得郁郁葱葱。

凭借着一点一滴复燃的热情,韩悠悠把"自我阵地"又往前推进了不少,她开始去做自己喜欢的事情,从中汲取能量,让内心变得越来越强大。

她烹制各种好吃的美食,拍成美图,配上小贴士发在网上。

她尝试画各种手绘,让自己重新体验创作的愉悦感。

她出去旅行,在名胜古迹中陶冶情操,洗礼自己的精神。

她积极参与各种事情,不知不觉间,全身心仿佛被洗涤过一样,沮丧不见了,颓废没有了,日子也不再那么难挨了。

她将自己活成了一个侠女,能上山、能下厨、能写锦绣文章、能对酒当歌……会手绘、会朗诵、会徒步、会旅游……

身边的人这样评价她:"你是微光,引领我们走过谷口。"

在苦中挨过、在黑暗里待过的她,自然懂得微光与希望的可贵,她很乐意照亮那些曾经和她一样颓丧的人,她说:"别丧气,每一个人的一生都会经历大事、小事、乐事、哀事,欢天喜地之事、天崩地裂之事……但人间真谛不就藏在这'多事人生'的体系里吗?"

什么是人间真谛?

对于韩悠悠来说,人间真谛就是:人间多风雨,但惊雷里往往夹杂着春雨,多舛里往往暗藏着风景,山穷水尽之时,恰是坐看云起之机。

二

二哥颓丧了多年。

自从初中毕业后,他就对念书没了兴趣,整天游手好闲。父母担心他这样下去会变成"废人",便让他远在杭州打工的大哥带他出去锻炼锻炼。

大哥是一名优秀的美发师,在他的带领下,二哥也进入了美发行业,从洗头工做到了美发师,成了家,有了孩子。

二哥想自己创业开店,父母出了一笔钱资助他,但同时也召回了在杭州打拼的大儿子,让兄弟俩一起经营。

第一章　万事不抵我愿意

在父母眼里，二哥还是那个少不更事的淘气孩子。他能做出一番怎样的事业呢？

大哥是个昂扬上进的人，他爱钻研，一心扑在事业上，培训店员，策划活动，组织开会，积极提升经营能力，小店在小城迅速发展，生意如火如荼。

所有人都认为，只要有大哥在，店里就没有摆不平的事。在父母及亲戚的眼里，大哥是能做事的人，而二哥只不过是在大哥这棵大树下乘凉的人。二哥就像是大哥的影子，活在大哥的庇护下，也活在大哥的阴影里。

二哥觉得自己越来越没有存在感，看似悠闲，实则颓丧。

"哥哥那么能干，小店不需要我，我不颓丧，还能怎么样？"

所以，当大哥接到杭州某连锁店的邀请，决定远赴杭州发展时，二哥的内心是愉悦的，他将所有的颓丧都转化成了力量，以求在父母面前扬眉吐气。

两年时间，他将店铺发展成了县城生意最好的美发店，店里员工也达到了20多人，实现了从小就有的买房买车梦。

然而，鼓起的腰包依旧不能解决他的人生困惑，具体来说，是缓解不了他骨子里的某种痛苦——自己似乎永远不如哥哥。

从老家再次出走杭州的大哥，短短两年内，创立了个人品牌和公司。

二哥心有不甘，自己怎能一辈子待在小县城里当美发师呢？再说，即使自己可以，也不能让孩子在小县城待一辈子啊。

他想关店，想去外面闯荡，但各种打击接踵而至，总有人对他说："你不适合在外边飘摇，还是好好当美发师吧。"

这些话像皮鞭一样，猛烈地抽打着他的心灵，加重了他的痛苦与颓丧："为什么哥哥行，我就不行呢？"

二哥决定争一口气，证明自己不比大哥差，证明自己是一块待琢的璞玉，他日定能大放光芒。

他甚至挑战性地对哥哥说："我以后一定会比你厉害。"

哥哥的回答很现实："想比我厉害，你就要付出比我更多的努力。"

"扎心"之后，二哥藏起内心的颓丧，将奋斗战场转向杭州，踏进了培训界。他放下以前的小老板身份，从助教做起，边做边学。他逼迫自己全速前进，每天付出比哥哥多一倍的努力。

皇天不负苦心人，他的成长像爆竹般迅猛冲天，成功推开了培训界的大门，成了一名独立的主讲老师。

但痛苦与颓丧依然挥之不去，因为哥哥就像一座山，巍峨地屹立在他眼前。

他觉得自己在课程设计、讲课风格以及感染力等方面都不如哥哥，似乎什么都比不上哥哥，这让他垂头丧气。

第一章　万事不抵我愿意

直到一次偶然，他挖掘到了自己的写作能力，感觉人生豁然开朗："我完全理解了自己和哥哥的不同，我不需要模仿他，我就是我自己。"

他开始享受做自己，在写作上下功夫——写店员故事，写店主案例……并以此为素材，逐渐形成自己的讲课风格。

接纳自我的二哥，深受学员欢迎，他将自己活成了KPI（关键绩效指标），成了美发店店主们的希望。

很多时候，不是他人不接受我们，而是我们让自己心累，让自己丧气。

很多时候，不是人间不需要我们，而是我们让自己"心苦"，让自己颓废。

三

作家周国平曾说："老天给了每个人一条命，一颗心，把命照看好，把心安顿好，人生即是圆满。"

那么，如何才能把命照看好，把心安顿好呢？

究其根本，需要拿得起，看得开，放得下。

世事无常，人生总有颠簸，大起时不骄，大落时不躁。

人情冷暖，人间几度悲凉，别人对你热脸相迎时不惊，别人对你冷脸相对时不责。

可平凡人家,哪能那么容易做到不骄不躁,不卑不亢呢?

我的建议是,面对糟糕的过往以及未知的未来,不要伤感,不要恐惧,而要热烈地、大声地喊:"无论如何,明天又是新的一天!"

内心有多颓丧,声音就有多大,经历一番撕心裂肺的呐喊,内心只剩对这人间的渴望,就如王小波所言:"忽然之间心底涌起强烈的渴望,前所未有:我要爱,要生活,把眼前的一世当作一百世一样。"

我的朋友们,请去爱,去生活吧,人间需要你。

第一章　万事不抵我愿意

你必须活在每一件事情里

一

每个人的一生都有道分水岭。

对模特石凤来说,她的分水岭出现在19岁那年。

那年,母亲生病,父亲生意惨淡,欠下了几百万元的巨债。同年,父亲因一场意外事故去世,留下了她、生病的母亲,以及一个年幼的妹妹。

房东嫌弃她们家死过人不吉利,就把一家人赶了出去。

家里失去了顶梁柱,家人被迫流离失所,还面临着追债……她真想一夜之间就能长大,马上就去赚钱,赚很多很多的钱。

于是,石凤辍学打工,为父还债,挣钱养家。

她说:"当时我只想赶快赚钱,钱对我来说太重要了。"有了钱,她才能撑起一家人的生活,这不仅是安全感,更是底气。

她向妈妈和妹妹许诺:"不要怕!还有我,一切都会过去的。"

那一段时间,她拼命挣钱。最辛苦的时候,她一天做6份工作,三餐都在路上吃。在低头赶路、埋头挣钱的日子里,她没留意过太阳、月亮与星星,哪怕是风霜雨露,她也没有意识到有何不同。

那时候,在她脑海里除了钱,无他。她用麻痹应对命运的无常,用封闭应对生活的无解。

转折来自一次偶然。有一次路过杭州,她临时决定去游西湖,想感受西湖夜景,也因为想省下住宿费。在那个"五一"刚过不久的夜晚,她像一个孤魂一样徜徉在西湖边。

起初,夜很美,月很美,灯很美,湖也美,但渐渐地,人声沉寂之后,空气越来越凉。困意袭来,她找了一个长凳,盖上随身携带的一件外套,打算就这样睡一晚。

然而,湖区内的游人不能留夜,保安一次次来驱逐她,她只好东躲西藏,既心惊,又刺激。

这一折腾,她的感官变得敏锐起来,首先是觉得冷,蜷缩着身子哆哆嗦嗦;耳朵也变得异常灵敏,能听到虫鸣、鸟叫,甚至连树枝轻轻摇曳、水波轻轻荡漾的声音,她都能迅速而清晰地捕捉到。

第二晚,当她躺在自家的床上,盖上温暖的被子时,突然

第一章　万事不抵我愿意

意识到：一切终将过去，包括偿还家中的债务，它也终将会烟消云散。回头看，自己这些年为了挣钱，能力越来越强，也到过不少地方，但可惜的是，因为未能主动活在每一件事里，而错过了太多的风景。

自那以后，挣钱于她不再是功利的囚牢，也不再是被动忍受的差役，而是全情投入每一个当下。

事情既然已经发生，劳累奔波亦成必然，何不试着洒脱，自输养分，享受当下？

《了凡四训》中有言："一切福田，不离方寸，从心而觅，感无不通。"

不足八年，石凤还清了所有债务，买了房子、车子，也收获了爱情。可见，在较高纯度的自在里，才有所谓自在的未来。

二

有一位花店的老板，特别美丽与宁静。

孩子两岁时，她在闹市的一角，开了一家巴掌大的花店。

弹丸之地，却被她收拾得十分干净、雅致。女人大多时候，或陪孩子玩，或照顾花店，足够忙碌。

但无论什么时候看见她，她总是忙得有章法，动作娴熟而不乱，眼神清澈而不慌。

纵使有时孩子捣蛋,影响了她的生意,她也不曾生气,说话的声调始终像黄鹂鸟唱歌一般,悦耳动听。

那孩子正是顽皮淘气的年龄,大多数时候,她与客户正说着话,就需要跑出去将走向路边的孩子追回来。

有的客户有耐心等她,她也不解释,不抱歉,将孩子拉回后,依然不慌不忙地与客户交谈。

有的客户是急性子,看她忙着追儿子,便扬长而去。她也不恼怒,更不会迁怒于孩子,只是顺势弯腰在孩子的脸颊上亲上一口,然后娘俩其乐融融地整理鲜花。

脚踩烟火地,手染烟火事,但她身上却始终有一股不食人间烟火的气质。

有一次,我忍不住问她:"人生琐碎,你为何能如此镇静,还自得其乐?"

她笑了起来,说:"我胸无大志,没有目标,不追功利,能做的也就是照顾好娃,娃在身边玩耍,我还有啥好愁的?"

我见过不少带娃的家庭主妇,遇到不顺心的事情,她们不是闹,就是吼,要不然,不是怨,就是恨。再看花店老板,她则全然享受,全情投入在当下的带娃战场里。

这种全情投入成为滋养她心灵的沃土,孕育出丰富且美好的气氛和情调。

第一章 万事不抵我愿意

某种程度上来说,这种不追名利,恰恰是让过去成为过去,让未来自在到来,能做的尽力去做,不能做的就让它随风而去罢了。

这种乐天派的活法,大概就是里尔克所说的,"重要的是,你必须活在每一件事情里"。

能欢欢喜喜上班的时候,就欢欢喜喜地上班;没人帮忙照顾孩子需要自己亲力亲为时,那就全力以赴地照顾好孩子。

如果不得不让孩子成为留守儿童,那么照顾好自己,让自己快速成长,就成为最关键的一件事。

在这个广袤的世界里,不断有变数在酝酿波动着,唯有活在每一件事情里,才能对抗这种波动带来的不确定性。

活,是不抱怨,不评判;而每一件事情,便是当下。

三

"不管有什么妖魔鬼怪,一切都会过去,不是吗?"站在演讲台上的琳达声音有些哽咽。

那一年,琳达事业达到巅峰。或许是想换种生活方式,她忽然把自己嫁了,并在婚礼上宣布退出职场,全身心地照顾家庭。

老公在外打拼事业,她相夫教子,生活圆满和美。

一切看起来岁月静好。但命运真是奇怪,它会在你享受其中的时候，突然来一记当头棒喝。

她怀上二胎后不久，老公遭遇了事业低潮，一家人从大房子里搬了出来。

那个受了重创的男人终日郁郁寡欢，最后还因破产而精神崩溃，把自己关进房门，成了卧床的"病西施"。

人世间有一万种圆满，就有一万零一种遗憾。

命运似乎下狠心要将她以前的圆满摧毁，男人毫无斗志，偏不巧，婆婆也不小心摔断了腿。

陷入泥沼之地的她不得不顶着妊娠反应，悉心照顾年幼的孩子、失意的男人，以及摔断腿的婆婆。

她不明白，为何原本幸福的生活忽然就坍塌了呢？但生活并没有给她时间，让她去捋清困惑。

难事接踵而至，找房子，搬家，办理各种手续；大宝要念小学，要找学校；婆婆要做手术，要照顾，要陪护；老公要陪伴，要开导；而她肚子里的孩子也一天比一天大……

她被各种琐事包裹，每天疲于奔波，焦虑不堪，因此做了好多无用功，生活一团乱麻。

人生大起大落，谁都可能遇到山穷水尽之时，重要的是，如何摆正身形，活在当下的每一秒里。

她试图清空过去，将每一件事从俯视变为平视，没有衡量，只有眼前触手可及的生活；她试图厘清当下，将每一件事从仰视变为平视，没有沮丧，只有吐纳和蜕变。

波折起伏，最能修习心性。接受了生活的无解之后，琳达像个女战士一样撑起了整个家。

所幸，她本就不是笼中的金丝雀，那些挣钱的本事从未散失，且婚前那些人脉资源也尚在，只要够勤奋，她就能撑起这个风雨飘摇的家。

短短两年，这个家就渡过了难关，男人重回职场，婆婆照顾孩子，而经过此番折腾的琳达，也开始尝试投入到自己喜欢的演讲事业里。

正如安德烈·纪德在《人间食粮》中写道："我生活在妙不可言的等待中，等待随便哪种未来。"

对于真正活在每一件事情里的人来说，未来都是妙不可言的。你对生活用心了，生活自然也会回馈你。

四

生活给语航的回馈很多。这个已经抗癌十余年的"85后"姑娘说："人世间好玩的事儿实在太多了，时间有限，我一定要尽情体验和享受自己喜欢的事儿。"

语航做过各种各样的工作，但都是因为喜欢才去做的。在她的生活里，从来都不是为了谋生而工作，全部都是真挚的爱好和由衷的喜欢。

她因喜欢写作而成为独立撰稿人；因喜欢分享生活中的点滴而开设了自己的公众号；因喜欢瑜伽，去韩国进修报考国际瑜伽资格证；喜欢画画，是因为可以让自己静下心来；参加户外运动，是因为她热爱这广阔天地……

她说，生命短促，与其抱怨，不如在每一件热爱的事情里拼尽全力。

刚生病时的语航，有太多事不能自理。因为并发症，她听不见，看不清，也说不清楚。

她视力模糊，医生诊断为放射性视网膜病变，说她五年后可能会失明。

她嗓子不舒服，医生说嗓子大概就这样了，今后可能都说不出话了。

看着自己的本领一项项地丢失却无能为力，这是一件多么残酷和绝望的事。

害怕吗？当然害怕！活脱脱的半个"废人"，怎能不害怕？

但她没有自暴自弃，而是借助瑜伽，试着将所有的专注力都放在了调整呼吸上，用平静的心态来调节情绪，安抚身体的每一处不适……

第一章　万事不抵我愿意

她说:"与其战战兢兢地过,不如畅畅快快地活,只有这样才能活一天,赚一天。"

外号小太阳的语航,凡落脚之处,百分之百都会阳光明媚。

她坚持画画与写作,对她来说,不管是描摹或描写一个表情、一件物品,还是一个人,都是非常快乐的,因为她享受的是这个"玩儿"的过程。

病情稳定的时候,她"上岗";病症发作的时候,她"待业"。她从没有将"患癌"这个标签固化在自己身上,她守护身体,但不过分小心翼翼,她需要借着这具正生病、还时不时需要返修的肉体,探索那个多彩的世界。

老舍曾说:"经验是生活的肥料,有什么样的经验便变成什么样的人,在沙漠里养不出牡丹来。"

选择在哪个领域、哪件事情里投入精力,是养出"牡丹"的第一要事。而想要拥有大智慧,那就得放宽心,活在所选择或被选择的每一件事情里。

无须讨好别人，且让自己欢喜

一

作家亦舒在《美丽新世界》中写道："人生短短数十年，最要紧的是满足自己，不是讨好他人。"

然而，在现实生活中，很多人还是让自己形成了讨好型人格。

某天同学聚会，发生了一场很意外的"战争"。

原本亲密无间的两个女同学，竟然吵得不可开交。高中时期，她俩形影不离，但我们知道，她俩的友谊能够维持这么久，全在于那个长得没那么漂亮的女孩一直在讨好那个长得漂亮的女孩。

那些年，漂亮的女孩被很多人喜欢，自然也有很多情感烦恼，而那个不漂亮的女孩总是她的倾听者。

如果说漂亮的女孩是芳香四溢的鲜花，那么不漂亮的女孩则是鲜花旁边不被人注意的小草。

第一章 万事不抵我愿意

可是，不漂亮的女孩明明写得一手好文章，明明那么聪慧，明明可以发出自己的光芒，却甘愿收敛，变得没有棱角，成为陪衬：

漂亮女孩假期想去杭州，她退了去西安的票陪她。

漂亮女孩想吃辣，她放弃吃粤菜，陪她吃川菜，辣到眼泪直流。

漂亮女孩想逛街，她放弃去图书馆的计划陪她去逛街。

漂亮女孩说往东，她绝对不再去想自己往西的初心。

就这样过了四年，陪衬与讨好的四年。大学毕业时，提起这位不漂亮的女孩，班里的同学都很茫然，这样一个讨好者，大家实在是没什么印象。

毕业后大家各奔东西，她俩这些年是怎么过的，也无人知晓。

但是，在同学十周年聚会上，这俩人却吵得很凶。起因说来十分好笑，居然是为了一个橙子。

十年后，那个不漂亮的女孩不但变漂亮了，还十分干练，她主动向大伙儿打招呼，不再像从前那样怯生生的。打过招呼后，她切了一个橙子慢条斯理地享用。

十年后，漂亮女孩变得没那么漂亮了，而且因为婚姻失败，显得有些憔悴。她紧紧地挨着那个当年的闺密，以为闺密还是十年前那个讨好者，于是伸手去接橙子。

哪知，她以为的那个讨好者却将橙子送进了自己嘴里。她顿时心生不悦，用看似请求实则命令的语气说："丫头，给我拿一下橙子呗。"

沉浸在橙子美味中的"丫头"随口说："想吃自己拿。"

她说："你以前不是常常给我拿吗？"

"丫头"很不屑，还有点儿激动，说："以前是以前，现在是现在，以前我甘愿做陪衬，现在我不乐意了。"

"你这是狗眼看人低，你肯定是看我离婚了，看我破败了，才这样对我。"

"你说话得凭良心，我还没将我大学四年的荒废算在你头上，你怎么反而对我人身攻击了？大学毕业后，你选择了你的高枝便展翅高飞了，我这么一个灰姑娘可是扎扎实实地打拼出来的。怎么还赖我啦？"

就这样，俩人你一言我一句，吵得不可开交。

有时候，讨好者与被讨好者之间是一种相互依存关系，一旦讨好者自我成长了，变强大了，俩人看似亲密无间的关系就很容易破裂。

二

心理学家苏珊·纽曼指出："讨好者活在别人对他们的期待

第一章　万事不抵我愿意

中,不停地追逐着别人对他们的认可,为此他们愿意去做任何事;他们总是将他人的需要摆在自己之前,即使对方的要求不合理,也会硬着头皮去满足。"

我也曾深受讨好型人格的困扰。童年时,为了讨好父母,我会隐藏自己的真实需求,装作是懂事的小大人,照顾好弟弟妹妹,让他们安心在外打工。再大点儿,这个习惯早已根深蒂固,自己喜欢的裙子不会买,自己想吃的东西也因为舍不得花钱而放弃购买,坚持不乱花父母的钱,做一个懂事的女儿,只为了让他们更安心一些,更快乐一些。

在学习、生活与工作中,我也会压抑自己的真实想法,选择去讨好他人,甚至会因为老师的某句话压抑自己某方面的天性,而伪装成另一个人。

当我意识到这一点时,大概是在十年前。

那时,我去了一个人生地不熟的地方,当了一名小小的电视台记者。

电视台虽小,可是这座县城的所有人情世故都浓缩于此。

应酬多,玩乐多,会议多,是非也多。那时候我最羡慕的一个人是小武老师,羡慕他开会想不去就不去,大家一起在KTV他想走就可以走,领导交代的事情他不认同就不干。

他明明是情商极低的一个人,我行我素,却被台里上上下下的人理解并尊敬。作为一个不想参加聚会，不喜欢去KTV，也不喜欢被领导牵着鼻子改稿的黄毛丫头，我真的好羡慕他，羡慕他不用讨好别人，羡慕他可以做自己，不为外界的人或事动摇。

我还很幼稚地问他："领导为什么对你这么好？"

他很谦逊地答："因为我不用讨好他们。"

"我也没有讨好他们啊？"

"你没有吗？你是不是总在担心自己给人留下不好的印象？你是不是总期待身边的人都喜欢你？你是不是总在拼命地试图让所有人都接纳你？"

我不得不承认，他说中了我的软肋，我问他，我该怎么改变讨好型性格。

他答："你不自信。讨好者大多是不自信，甚至是自卑的，而他们讨好的对象大多有他们所羡慕的性格特质，或是过着他们所向往的生活，在他们极度推崇的领域很成功。要改变这种性格，就要先改变自卑心理。当我们不再自卑，对自己的生活有了掌控感时，就不会为了刷存在感而去讨好某些人。人生短暂，愿意做就去做，不必去讨好谁。"

他的话点醒了我，当年那个外在天真而内在时刻处于激烈冲突与震荡之中的女孩，的确活得很挣扎，她想改变现状，却连自己的自卑心理都无法改变。

往后十年，我用心体验生活，尽量与喜欢的人相处，与欣赏的人共事，努力寻找喜欢做的事，不迎合，不屈就，不讨好，渐渐地有了底气与自己的骄傲，也有了欣赏本性的朋友。

一切就如改变了自己讨好型人格的蒋方舟所言："如果你放弃了追求个人的独特价值，去建造一个被人喜欢的人设的话，那其实是冒了非常大的风险。你吸引来的人，也不是你真正欣赏的人，真正能够欣赏到你的人，永远欣赏的是你骄傲的样子，而不是你故作谦卑和故作讨喜的样子。"

三

森下典子在《日日是好日》里刻画的武田阿姨也是一位靠本性吸引他人目光的女性。

森下典子写道："尽管与周围的人相处进退合宜，她却很讨厌拖泥带水，总是事情一办完，说声'那么，我先告辞了'，就迅速独自离开。无论男女，许多人一旦遇上有权威的人或事，说话态度、声调总会有所改变，可是武田阿姨在任何人面前都是一贯的态度。"

我的婶婶就是这样一位乡土版的武田阿姨。

阿姨们聚在一起，容易讨论是非，也习惯用迎合的话去讨好与自己秉性契合的人。我的婶婶却从不参加这样的聚会，不见她高谈阔论，也不见她眉飞色舞，她似乎是个很安静的人，但说起话来掷地有声，有一说一，敢于抛掷出不同于众人的观点，敢于去维护被攻击的女性，且从来不惧怕被质疑。

说来很奇怪，这样一位从来不讨好别人的女性，按理说应该被这股互相讨好、滋生"八卦"力量的妇女团孤立，但她不但没有，反而成了让她们羡慕的对象。

我妈就很羡慕我婶婶，觉得她每天活得潇洒又开心，没有烦心事。

其实我婶婶的经济条件并不好，大龄得女，同龄人的孩子已经工作了，她还在接送孩子读书。不过，她依然每天都过得很快活，我认为原因有二：

一是，她擅长取悦自己，每天都会做些让自己开心的事，比如忙里偷闲看看想看的书。

二是，她不去讨好他人。每年春节，总有人荣归故里，乡亲们都会围着大人物团团转。一个赚到几千万元的成功商人，或是一个仕途成功者，无论从众还是主动，人们总喜欢去讨好，去仰视。但婶婶并不如此，从来都是今日该干什么还是干什么。

我曾经问过婶婶这种淡定的心态源于哪里。她回答："别人的光鲜与我有多大关系？他是他，我是我，我为啥要去讨好他呢？他发他的财，我吃我的饭，他不能济我的贫，我也不觊觎他的富,他走他的阳光大道,我过我的独木桥,各自自在。"

婶婶的话很朴素,但直击真相:每一个人都有独属于自己的生命旅程,何必去别人的跑道里做一个无关紧要的背景与插曲?更何况,一味讨好,有可能连背景都算不上,人家压根儿不知道你是谁,多悲哀啊!

四

当然,也有一种高级的"讨好",比如我的一位朋友阿明,他有自信,有底气,同时又有慈悲心,能够以一个更高、更全面的视角看待自己与别人的不同,让别人舒服,同时也让自己坦然,不妄自菲薄,也不夸夸其谈,而是真心地夸赞对方。

但是,不是每个人都能成为阿明,在此之前,我们大可随"我"出发:

多关注自己的心情,少去在乎别人的脸色。

多关注自己的当下,少去揣摩别人的心事。

多关注自己的言行,少去羡慕他人的气质。

本我强大了,舒服了,自然就有了更多的能量去照顾他人的需求。要不然,讨好只是讨人厌,只不过是自己不自知罢了。

你可以创造自己的人生"C位"

一

我很喜欢《飘》里面的一段话：

"我们不是小麦，而是荞麦。小麦熟了的时候，因为是干的，不能随风弯曲，风暴一来，就都倒了。荞麦熟了的时候，里面还会有水分，可以弯曲。大风过后，几乎可以和原来一样挺拔。"

做荞麦，而不要做小麦，是因为荞麦有强大的人生复原力与重置力。

瑜伽小姐就是"荞麦"。

五年前，我因颈椎病严重不得不逼自己去瑜伽馆。那时候她在上教练班，每次去，她都已经练了很久，我走时她还在练习。

那时候，她眼袋很重，背微驼，皮肤暗黄，腰背"游泳圈"明显。后来我得知，她刚刚经历老公出轨后离婚的不幸。

第一章　万事不抵我愿意

我因为工作繁忙，不常去瑜伽馆，除非颈椎极不舒服才去一次。有时候因为要出差，更是一个月也去不了一次。

一次，我忽然发现瑜伽小姐变了。外貌上来看，她的背没那么驼了，皮肤也变得白皙了，仔细打量，是她整个人给人的感觉变了，变得有力量了，更自信了。

为了观察她，那一阵子我也坚持每天晚上去瑜伽馆，但无论我什么时候去，她都在。

一次，我好奇地问她："你吃和住都在瑜伽馆吗？没有孩子要照顾吗？"

她笑笑说："离婚后孩子虽然判给了我，但我当下状态不好，像植物'缺水'似的，给不了孩子周全的照顾，所以我让我妈把孩子带回老家，给自己半年时间调整状态。考到瑜伽教练资格证是我的第一个目标，接下来我也想开自己的瑜伽馆。"

一年后，她成了瑜伽馆的助理老师。她肯吃苦，自身条件也好，人又聪明，深受学员喜欢。

后来，她果然开了自己的瑜伽馆，她的瑜伽馆布置得简单朴素又不落俗套。她很有经营头脑，其他瑜伽馆的营销手段她全复制过来一一试错，除了发传单、布置广告牌等常规操作，她还擅长跨界营销，与附近的美容店、服装店、餐饮机构都进行广告置换。

她还开通了一个公众号，常常在周末举办一些文艺类的沙龙。在她的用心经营下，瑜伽馆的生意越来越好，她也接回了母亲和孩子。

就在这个时候，房东却反悔了。房东通过毁约、加租等手段，坚称要收回租房。按照合同，她完全可以不理，但是房东天天在瑜伽馆门口骂街似的吵闹，这很影响情绪，也影响瑜伽馆的形象。

有老学员劝她忍一忍，毕竟投入的费用不菲。她也想忍，毕竟这个瑜伽馆花费了她很多精力与财力，若真的推翻重来，对上有老下有小的她来说，是个不小的灾难。

但房东老太太甚至纠集一批老奶奶在门口跳广场舞，有时候还敲锣打鼓。

被人逼到"墙角"的她，反而更加淡然。有学员替她打抱不平，出去劝告老太太"做人要有公德心"，却无济于事。

半年后的一天，她突然叫住我，说要退我一半会员费，原因是她要关停这里了。

我抱抱她，告诉她不用退了，毕竟这不是她的错，她一个人也不容易。

她坚持退给了我，末了又说："这半年还真是不容易啊！不过都过去了，我现在在另外一个地方开了瑜伽馆，装修好了，不过还得通通风再开业。"

她告诉了我地址，离我住的地方有点儿远，又因为工作忙碌，一直都未能去看她。

我想，因为地理因素，她必然会损失掉大部分会员，一切从头开始，真替她打抱不平，只能暗自感叹命运对她的不公。

去年休年假时去看她，却被惊艳到了，场馆很大，设施齐全，装修雅致，学员爆满。

我十分叹服。在当时的境况下，她居然敢开如此大的场馆，足见她的格局之大，重生的力量之坚定。

她感慨："人活一口气。只要这口气在，哪怕有再多不幸，都会成为过去。"

的确如此，生活的艺术，就在于如何面对自己的境遇。再糟糕的际遇，只要当事人积极面对，就会抵消不幸带来的一切毁损，开启新的人生篇章。

就算是弃子，也能重新成为又一轮奋战中的棋子。

二

妹妹的好友很爱折腾，工作换了无数份，创业了多次，都以失败而告终。

这让她落了个爱折腾、瞎折腾的标签。

她却不以为然,将自己活成了"朋友圈"里最潇洒的人,该折腾就折腾,该旅行就旅行,吃喝玩乐也一样不少。

但是懂她的人知道,每一次折腾她有多用心、多用力、多用情,只可惜,每一次的运气都差那么一点点,始终离风口差"一毫米"。

去年年初,再一次创业失败后,她似乎"隐身"了。正当亲朋好友以为她在深刻反思后消停了的时候,她在微信朋友圈的页面上发出了一条"开业"预告。

原来,这姑娘并没有将自己关起来面壁思过,而是在学习后选择了加盟某品牌,将这个品牌的茶饮店开到了老家。

大家都不知道她到底开的是什么店,就连我妹妹也不知道,直到开业那天才恍然大悟——她开了一家创新型奶茶店。

妹妹问她为何不早说。

她说:"说出来肯定又被大家泼冷水,所以我就直接开干了。"

都开业了,大家当然只能送祝福,当然祝福里的怀疑声也一直存在。

她自然懂大家的心思,也比以往任何一次都要努力,从原材料的新鲜度上花心思,在经营策略上苦下功夫,还到"网红"奶茶店学习……

这一次还算幸运,虽然生意没有特别火爆,但至少盈利了,能养活自己与几个员工，也算是站稳了脚跟。

事成之后，我们开门见山地问她："你就不怕这一次又做了无用功，折了心力再丢了钱财？"

她笑称："哪能不担心呢？但人要允许无用功的存在，因为它是浇灌出生命之果的必备元素。"

想想确实如此。不是每一次满怀希望播下的种子，都会生根发芽；不是每一次浇水施肥，花儿就能绽放枝头。

这世界上有很多事需要迂回，需要在放下与开始之间不断重置生命力，且那一棵被种下的树苗，仍未必能长成参天大树。

即便如此，她还是能将自己置于起点，不为损兵折将耿耿于怀，随时做好再出发的准备。

最终，正是这种孜孜不倦地生命力，让她打了一场翻身仗。

三

余秀华说："当一个人没有力气对付绝望的时候，她就和绝望混为一团，在水里成为水，在泥里成为泥，在地狱成为魔鬼。"

读到余秀华的这句话时，豆豆的眼角湿了。

豆豆在我心里，一直是个女汉子形象，她可以独自在一座陌生的城市单打独斗，买房、买车、开琴行，也可以自己环游世界，开夜车长途跋涉，搞定生活里的一切。

所以，我很好奇是什么触动了她，让她泪流满面。

接着，她讲到了自己凄凉而绝望的童年。

她父母欠下了高额债务常年在外打工，逢年过节也不回家。没有长辈照顾的她不但需要照顾好自己，还需要面对那一拨拨上门要债人的冷嘲热讽。

她说，一直到现在，她都记得每学期交学费时的情景，因为几乎每一学期的学费都是她家人费尽心思拼凑出来的，每次她都是班上最后一个交的人。

生活得如此战战兢兢的她，现在居然如此强大，这中间她付出了什么，又经历了什么？

她说是放下与重启——

放下过去，重启当下。

放下消极，重启信心。

没有伞的孩子，必须努力奔跑。

一直以来，豆豆拼命地挣钱，一份工作可以坚持六年以上，能力上千锤百炼，创造业绩；工作之余，她还会千方百计地想其他办法挣钱，她努力学古筝，然后开琴行，她学写作，然后投稿挣钱……

一个人无法决定自己的出生，但可以决定自己的人生。

现在的豆豆不但经济独立，还能带着父母四处旅行，成为父母的骄傲。

　　生活的不易，使得人们容易活得小心翼翼，甚至是自暴自弃。然而，世事如棋，即使开局就节节败退，哪怕在尾声又回到原点，也要尝试将原点当作起点，努力挣扎着往前走，这样才能逐步成长为一株能傲然于风雨中的挺拔的荞麦——

　　一动一静，皆是进击。

　　一招一式，全是风骨。

预言要自证，人生要自控

一

在韩剧《请回答1988》里，德善作为家里的二女儿，经常受到一些不公平对待：上要将就姐姐，下要让着弟弟。把自己喜欢的煎蛋让给姐姐，把自己喜欢的炸鸡让给弟弟。

终于有一次，德善哭着哭着就崩溃了，她质问父母自己为什么没有煎蛋，为什么没有鸡腿……她觉得自己是没人爱，也没人疼的二女儿。

一直以来，兰兰也觉得自己是没人爱、没人疼的二女儿，她压抑自己的真实需求，她听话，她按照父母的意愿去活，她感觉自己活成了一个人的孤岛……

从小她最羡慕的是姐姐，最想活成的也是姐姐的生活状态。

姐姐可以按照自己的想法活，而她得按照母亲的意愿活；姐

第一章 万事不抵我愿意

姐可以叛逆,她得顺从;姐姐可以反抗,她得迎合;姐姐想哭就哭,她得压抑自己。

"学会消化这种落差",成为兰兰整个童年最大的课题。

大部分时候,她都在默默地承受与消化这种落差,所以她看起来温顺、听话,但毫无自己的主见。

她把童年里最深情的顺从、最沉默的爱献给了自己的家庭。

她从小就把自我收起来了,努力察言观色,活得如履薄冰:害怕妈妈离得远,害怕门口有陌生人来,害怕妈妈烦她,所以常常搬个小板凳,乖乖地坐在妈妈身边自己静静地玩。

这个20年来低眉顺眼、温顺乖巧的女儿,从未在家主动提出过任何要求,大多数时候总在默默学习。

"在家里,大事小事都轮不到我做主,但学习成绩我说了算啊。所以,从小我就拼命学习,成了别人家的学霸小孩儿,成了爸妈的骄傲,家族的荣光。"

这让她获得了一定的话语权,高考填志愿时,爸妈让她自己做主。

就像匍匐在地的爬山虎,忽然被扶上了高墙,她内心为这突如其来的自主权兴奋不已。

离开父母的身边去读大学以及参加工作,她以为自己可以完全为自己做主了。

然而，并不是如此，就像无法肆意飞翔的风筝一样，她感觉自己无论走到哪儿，总有一根线头拴在父母那儿。那根线就是童年时期形成的自我隐藏模式。

谈恋爱时，她发现自己和家人的相处模式不知不觉地代入了她与恋人的相处模式中：始终放低自己，始终迁就对方，始终不能按照自己的真实想法来展现自我。

工作时，她发现自己总是不会拒绝同事的要求，不知不觉就将自己活成了办公室的"田螺姑娘"。

她觉得自己活得好累，做了许多不想做的事，而那些想做的事却一件也没做。

在一次与男友的争吵中，她爆发了。她学着姐姐的样子发了一顿脾气，主动结束了那段恋情。

没有难过，反而酣畅淋漓，她尝试进一步突破自己，她去学跆拳道，学吉他，去做那些童年时期想做而一直不敢做的事。

主动结束那段恋情的时候，她也主动打电话给父母，向他们表达了自己内心压抑多年的想法。

父母大吃一惊："孩子，我们以为你不介意呀！以为你是乐意这样做的啊！"

与父母深入交谈之后，她才逐渐清晰地认识到：过往的不能做主，其实是自己在画地为牢。就是自己太懂事，也太想当然，甘愿牺牲自己成全他人，但又期盼被感谢，而家人可能以为自己是真正乐意去这样做的，因为自己并未真实表达过自己的需求。

现在的她，虽然不能做到像姐姐那样随心所欲，但也学会了直接表达自己的真实想法：

"爸妈，我不想相亲结婚。"

"爸妈，我还想继续读研，所以接下来，我会一边工作，一边准备考研。"

"小A，不好意思，我有许多工作要做，不能再帮你了哦。"

"小B，上次帮你贴发票是友情赞助，但这一次如果你还要我帮忙，那就要收费啦。"

兰兰仍是父母的小棉袄，仍是办公室里的"田螺姑娘"。只不过多了一条底线：自己说了算。具体来说，是自己能说，才能算。自己想做，披荆斩棘也去做成它；自己不倒，别人怎么推都推不倒；自己不委屈自己，就没有谁能让自己受委屈。

二

冯莲从小就是个心气儿大、主意也多的姑娘。

她的父母都是工人，勤勤恳恳一辈子，在小县城买了房，扎了根，养育了她。

父母的口头禅是："咱这样的人家，咱这样的家庭……"

这句话就像是芝麻开门的暗号,父母每说一次,冯莲就要在父母的规划上逆行一次。

高考失利,只能上大专,父母哀叹一阵后说:"学会计吧!咱这样的人家,没人帮衬,学会计好找工作……"

但是冯莲坚持自我,填报了自己想读的电子商务专业。

大专毕业,父母让她回家找工作,她在电话里反复拒绝,母亲生气地说:"咱这样的人家,就图过个安稳的日子,你一个女孩子不需要折腾,咱家没有发财命。"

冯莲依然坚持自我,坚决留在北京,做起了自高中就有浓厚兴趣的网络营销。

工作一年后,因为生病,冯莲不得不回到家乡。

姑娘闲在家,做父母的就想让她去相亲。她坚决不去,父母暴怒:"咱这样的人家,也就是这样了。不如你去相亲,那个人有房有车的,兴许成了,还能帮你把工作解决了呢!"

冯莲坚持自我,闭门谢客,开始了备考之路,她想考教师。

父母又开始泼冷水:"咱这样的人家,一没人脉,二没资源,你要想考事业单位,那是绝对不可能的。"

见她考了几次都没进面试,父母逮住机会就告诫她:"有钱有人脉的孩子才能任性折腾,你这样反复折腾,等年龄大了就更不好嫁人了。"

第一章　万事不抵我愿意

对于父母的不理解、不信任，冯莲都选择自动屏蔽，就像电影《风雨哈佛路》里的女孩一样，她有着强烈地想要焕发新生的决心和毅力。

"我需要主导自己的生活，哪怕父母没有给我提供帮助，我也可以靠自己，过自己能说了算的人生。"

在她给自己的最后一次考试机会里，她拼尽了全力：卧室墙上贴满了习题卷，时时刻刻都可以看见这些题，每天脑子里都在自问自答。就连刷碗的时间她也不放过，手背上用黑色水笔写上1—2道题，边刷碗边背。

"我要确保我离开自己的房间后，也随时能看到题。"

后来，她不但考上了"三支一扶"的教师岗，还考入了市里某区总工会。

她依靠自己坚韧不拔的努力，砸破了横亘在前进路上的"家庭背景墙"。但父母仍将她的考试成功归结于运气，这一次她反驳道："咱这样的人家，咱这样的家庭……事实上，没有人能主宰我们的人生，除了我们自己！咱们必须力争上游。"

这一次，父母竟无言以对。

两年后，她的病痊愈了。不顾父母的反对，她辞去体制内的工作，再次去了北京。又过了四年，她在新媒体领域取得了不小的成绩。在她看来：

"人生就像画画,最开始是临摹,难免被原生家庭所束缚,被框定在条条框框里。但画画的最高境界是天马行空,所以要不断突破。最初一点一点去画,这样勾一笔,那样画一笔,这里再挥一笔,短短的线条交织在一起就足以呈现出令人惊奇的画面。"

但不管怎样画,控制权都在自己手里。

所以,记住:不向任何人乞讨,哪怕是亲人。

被人践踏尊严时,拿成果反击他。

遇到阻碍之墙时,别丧气,稳住了,想尽一切办法推倒它。

三

认识安娜姐那年,她正大着肚子,却跟我们一样加班赶项目。我觉得她非常不容易,就主动帮她热热饭,倒倒水,打印文件……一来二去,便聊得多了起来。

一天晚上,加班到十一点半,我有些忧愁:最后一班地铁没有了,我住得比较远,也没有公交到达,打车我又舍不得,因为公司不给报销。

就在我决定在公司将就一宿时,安娜姐突然问我:"你住哪儿?一会儿让我先生顺便送你回家吧!"

起初我不肯,但她坚持说:"也得让我谢谢你啊,我怀着娃,你可没少照顾我。"

第一章　万事不抵我愿意

她先生很儒雅，对她也十分体贴。接她上车后，帮她调好座椅，尽量让她坐得舒适，接着又递给她一个剥好的橙子，并告诉她："来接你的路上我给妈打了电话，大宝已经睡了，妈炖了鸡汤等你喝呢。"

她先生非常细心，坚持将我送到家门口，才让我下车。

我租的是农民房，巷子窄，村里头并不好掉头，但他坚持要将送我进村子里，说女孩子深夜独自回家不安全。

我早就听同事们传过安娜家非常有钱，先生开公司，在深圳就有五套房。

我当时还想："她家里条件好，肯定不愁钱，但她大着肚子还坚持上班，大概是先生没给她安全感吧。"

但事实证明：她婚姻和谐，先生体贴，家里有钱。

"既然有孩子需要陪伴，肚子里又有一个宝宝，那为何不干脆辞职，安安心心在家做家庭主妇呢？"

在某一次陪她去见客户的路上，我问了她这个问题。

她笑笑说："六年前，我因为大宝的到来在家做过一年家庭主妇。

那时候先生刚创业，非常忙，经济条件也不好。我一个人带着孩子，既见不到人，也见不到钱。但我没有抱怨，因为抱怨与倾诉并没有用，我只能自己想办法应对。

父母一退休，我就叫他们来帮我带娃。那个时候娃一岁，我做这家公司的文员，就是你当前的这个工作。钱虽然不多，但领导好，我常因为孩子生病的事情请假，公司基本没扣过我工资，也允许我在家完成工作任务。

但工资也远远不够开销，基本上仅挣个孩子的奶粉钱，其余的全靠娘家补贴。

两年后，先生创业有起色了，日子好过了，家里却闹腾起来。先是婆婆指手画脚，暗指这个家里的一切都是她儿子挣的，先生也有点儿飘飘然。

我知道有些男人在有钱后会爱慕年轻女孩，所以当即找了律师，起草了离婚协议，并对所有财产进行了清算。然后告诉他，如果他有这心思，趁早离婚，分钱。

当然，如果先生有心出轨，我这些要求是无法镇住他的。但离婚协议书以及专业律师的出现让他看到了我的态度，如果真离婚了，我拿着钱也能和孩子过上不错的日子。

先生终究认清了自己的定位，开始按照约定，每月定期给我家用钱。

尽管如此，我还是没有辞职。倒不是害怕，而是始终觉得，人这一生必须有某种话语权。而这种话语权是建立在某种实力上的，这种实力可以是经济上的，也可以是能力上的。

这些年，我拿着他给的家用钱投资房产，其实是挣了不少的，而他的公司效益却时好时坏，你说他要不要抱我这个包租婆的大腿？"

她笑了笑接着说："记住，无论是在婚姻里，还是职场里，拥有话语权，才能自己说了算。"

四

人情似纸张张薄，世事如棋局局新。

无论是人心还是世事，我们都无法完全掌控，唯一能掌控的就是自己面对命运的话语权。

预言要自证，人生要自控。

不是你行你上，而是你上你行。哪怕不行，也是自己的宝贵经历。

不是能做到一诺千金了才开口，而是因为这是你的生命之河，你要捍卫它。

选择最难走的那条路

一

大白是一位出类拔萃的老师,教研、教学工作一流,不仅获得了高级职称,还是教育系统教龄最短的高级教师。更让人羡慕的是,工作之外的她还是一名优秀的摄影师。不久前,校长为刚从非洲归来的她举办了一个非洲专题摄影展,她还成为某杂志的摄影特约人,简直羡煞旁人。

她微信朋友圈的动态非常之精彩,演讲、摄影、PPT、教学等领域都做到了极致。工作之余,她1年之中留在3个国家15个城市的足迹更成了一道亮丽的风景线。

有人向她"取经",问如何才能像她那样发光发亮被人器重,有什么捷径。

她想了想,说:"选择最难的那条路。"又补充道:"慢就是快,看起来最难的那条路需要耗费更多的时间、心力和精力,但前期积累好了,后期就能跑得快。"

她说自己硕士毕业时,已经拿到一个可以帮助自己落户上海的中学教师岗位的Offer。作为一个外地姑娘,她当然渴望自己能落户上海,但衡量再三,她还是选择放弃这条稳妥的路,选择重新找工作。

她认为,人生的第一份工作十分重要,如果太安逸,人生就可能会走向下坡路。她以上海市重点学校为目标,然后一家家地去投简历,去敲门。最终,她选择了上海市某重点小学实习。这份工作没有编制,实习后能不能留下来也是个问题,但她坚定地选择了这条路,她认为好学校有更大的平台,而她要做的就是让自己克服一切困难把握好这个平台。

从面试开始,她就把这份工作当成人生的大课题来钻研。

面试之前,她花了很长时间用3D展示软件把自己读研期间的研究和作品分类串起来,并反复练习讲课。面试时,她的思路非常清晰,展示的作品也非常打动人。在试教课上,她的热情感染了在场的每位老师和孩子。试教结束后校长就同意留下她,并承诺帮她争取到编制。

命运之神往往会为努力的人锦上添花。一个月后,她拿到了编制。

之后她更加努力，抓住一切学习机会。校长让她帮着制作PPT，她就去上PPT的相关课程，竭尽全力提升PPT制作技能，让校长无可挑剔。她利用和校长直接对接的机会，留心掌握着学校最新的办学理念和动态，掌握了各个学科之间的联系和核心，始终保持着快速成长的节奏。学校常常需要给学生摄影，她便主动帮忙，业余时间便琢磨如何才能捕捉到最真实、最有感染力的教学画面，一来二去，摄影技能也大大提升。

现在的她，多元化发展，在旁人眼里几乎难以做到的事情，都能被她同时做到。是她有三头六臂，会分身术吗？不。

所有的"高光"时刻，都是她的匠心精神在闪耀。

所有璀璨的荣誉，是一个又一个难题的攻坚。

现代人总是期望有一蹴而就的人生，却不知所有的光芒都要靠努力来累积，所有的灿烂都要靠践行来成就。

二

高考填志愿时，安迪毫不犹豫地放弃了在家乡读一本的机会，坚定地选择了上海的二本学校。

有家人、朋友不理解她，她笑笑："以后你们就明白了。"

每个女孩心中都有一个上海梦，那个在电视剧里充满故事的"魔都"，带给安迪很多向往。

第一章　万事不抵我愿意

所以，借助读大学这个支点，她将自己送入上海这个大都市的繁华里，试图在这里找到并实现自己的梦想。

带着义无反顾的决心，她来到上海读大学，在积极完成学业的同时，她总是主动给自己寻找各种挑战。

大一开始，在努力完成学业之余，她开始做兼职，尝试突破自我，逐步实现自力更生。

起初，她在一家校园O2O公司的门店担任实习店长。这对于一个说话容易脸红、害怕和陌生人搭讪的姑娘来说，是一个很大的挑战，但既然选择了这个角色，她必须逼迫自己做出改变，压抑内向、放大渴望，以此换取应对自如的工作能力。

实习店长的职责，是招募兼职同学、运营门店及拉动业绩。

在拉动业绩这块，安迪有着巨大的压力。但有压力才有动力，她尝试了许多提升业绩的方法：挨个儿寝室敲门宣传，请同学试用平台，在食堂或人多的地方进行宣传。

"对于当时跟陌生人说一句话脸都会红的我来说，做宣传是一件非常可怕的事情。但这是我的职责所在，必须履行。"

突破一层天花板，又遇到另一层天花板，敢于更新迭代的安迪就像一棵顽强的小草，从不停止生长。

她用敲门丈量自己的胆量，用搭讪构建自己的"厚"脸皮。

就这样，安迪从一个爱脸红的小姑娘，蜕变成了一个即使被反复拒绝也脸不红心不跳,还要坚持再试几次的业务精英。

"这段经历成就了我。如果没有它硬逼着我走出去,我可能永远都是那个说句话就脸红的小姑娘。"

诸如此类的折腾,不仅让安迪实现了经济上的独立,也助力她发掘出更丰富的自我维度,这个维度的安迪,不再害羞,不再自卑,而是更加地积极、乐观、主动。

在人生路上,我们的目光,我们的机遇,我们的成长,很容易被所选的赛道设限。

将自己置身于繁华大都市的安迪,为了使自己的能力能早日与所处的赛道匹配,她逼迫自己往前奔跑。推着她往前走的是环境,是赛道的竞争机制,是她当初所选的有难度的路。

一切都如安迪当初所预料,她在上海得到了快速的成长,见识、眼界、格局都以成倍的速度在增长。

人生之初,选择一路平坦的大道,还是选择坎坷不平的羊肠小道?选择安逸,还是挑战?安迪的选择告诉我们:赛道管理高手的人生拥有无限可能。

三

李安导演说:"任何东西要感人,要成立,本身是有自然的力量。生长本身是需要孕育的,年轻人要准许自己被孕育。"

人的一生就像竹子的生长过程，需要不断地积蓄力量。竹子用了四年的时间，仅长了3厘米。但从第五年开始，它会以每天30厘米的速度疯狂生长，只用了6周的时间就长到了15米。

这个孕育过程，其实就是延迟满足的过程。

心理学家沃尔特·米歇尔的"棉花糖实验"揭示了一点，即延长时间，延长等待，让目标来得稍迟些，让"如愿以偿"经过某些考验与煎熬，等待后的"棉花糖"更甜，更值得回味。

就如罗素所说："人这种动物，正和别的动物一样，宜于做相当的生存斗争。万一人类凭借大宗的财富，毫不费力地满足了他所有的欲望时，幸福的要素会跟着努力一块儿向他告别的。"

从某种程度上来说，延迟满足心理能让我们判断出什么对自己有利，然后抵御诱惑，孕育更大的硕果。

在我们漫长的一生中，如果一开始就选择了最容易走的那条路，就要预见其后将要面对的单调、枯燥与乏味。但如果想要改变，也大可不必沮丧，"临渊羡鱼不如退而结网"，将时间再往后延长，耐心耕耘，那难以企及的人生局面自然开创在面前。

选择、耕耘、孕育、更新、破局、迭代……

选择难走的那条路——除非你能做到喜悦当下，乐活当下，永不后悔，永不纠结，并永远能降服内心的猛虎。

爱自己是终身浪漫的开始

一

好命小姐是我的一位朋友。

在大家的心目中,这是一个被"馅儿饼"砸中的好命女人。

嫁了自己所爱的人,生了两个娃,和先生同在家族企业上班。两个人几乎24小时都腻在一起,还浪漫甜蜜如初恋时。

更好命的是,上天似乎对她特别厚待。自从她嫁过去,夫家那家族小生意之火竟越烧越旺,因此公婆也对她疼爱有加。

还有,孩子听话懂事,是学霸,典型的"别人家的孩子"。当别的家长为孩子的作业发疯时,她的孩子一直是自己高质量地完成自己的作业,从没让她操心过。

女人们羡慕的无非是有一个体贴的好老公,有听话的孩子,有富裕的家庭,以及和谐的婆媳关系,这些她都有了。

第一章　万事不抵我愿意

所以，总有人向她请教，而她总是干净利落地回答三个字："爱自己。"

"不是爱对方吗？"

"就是爱自己。"

亲近她的人自然懂得，她说得没错，就是爱自己。

爱自己，是她让人生发生反转的底牌。

只有亲近她的人才知道，她的原生家庭是多么的糟糕。

她有一个弟弟，弟弟"集万千宠爱于一身"，而她则跟灰姑娘似的，从不受父母待见。

她的父母信奉"棍棒"教育，童年的她被打过无数次。她的爸爸常常一言不合就朝她扔筷子、扔碗，甚至在冬天将她赶出家门……

我们都以为这姑娘完蛋了，不是打残了，就是心理扭曲了。

但她却乐呵呵的，不但不喊苦，反而成了人群里的开心果。起初我们以为她是强撑着，是为了掩饰内心的无力感，我们对她说："香菱儿，你想哭就哭吧！在我们面前不用伪装。"

在我们这一帮发小儿眼里，她比《红楼梦》里的香菱还命苦。但她坚持说自己没有伪装，她知道怎么让自己过得舒适一些，懂得如何让自己躲过伤害。

她说得没错。她反应灵敏，我们亲眼见过她是如何躲过她爸扔过来的飞碗。

她爱看笑话,爱讲笑话,她说"笑一笑"是让自己获得幸福感的方式之一。

工作后,在有限的预算里,她极力让自己住得舒服。她租下顶楼8平方米的斗室,并将其装饰成"看得见风景的房间"。

她无声地坚持自我。知道父母强势,她从不在他们面前叫板,但转头就选择了自己想走的路。

初中毕业时,父母希望她早点儿上班挣钱,就一直让她考中专。在那时,中专毕业就能挣钱,这是靠近"金钱"最短的路径,也是变现最快的途径。面对父母每天的念叨,她一声不吭,但到中专报名的最后一天,她躲到了我家,她妈妈找遍了整个镇也没能找到她,最后因没报上名她才得以继续读高中。

弟弟因不幸溺水去世后母亲生不如死,她自然成了父母的精神寄托,但她并没有听从父母的安排留在家乡,而是坚持回到大城市继续打拼。

她说:"我的人生有下半场要过,如果留下来,我会丧失自我。必须顺从自己的心,让自己先安定下来,才能去爱父母。"

多年以后,她已将父母接到身边,在同一个小区给他们买了房,可以天天照顾他们,但又彼此独立。

她也因为坚持自己的心意,远嫁给先生,建立了幸福的家庭。

第一章　万事不抵我愿意

回过头来看，无论是童年时的经历，抑或是独自一人在大城市打拼时的艰难，她的人生总有意想不到的坎坷。只是，那些命运发出的挑战，再怎么伤筋动骨，她最终总能接得住。

人生艰难时，我会问她如何熬下去，她总会讲一个自己的故事，然后笑笑说："每一次遇上难关，我都会在心底告知自己：爱自己，再爱自己一点儿，吃好点儿，穿暖点儿，随心点儿，然后继续大步往前走。"

王尔德说："爱自己是终身浪漫的开始。"

于她而言，爱自己就像是随身携带的避难所，让她时刻提醒自己，记得笑，记得好好生活，记得变好。

因为有避难所，即使人在阴沟里，也始终能坚持仰望星空。

二

少女时代，我曾下定决心做一个"不婚不育者"。

那时候，我活得很恐慌，担心父母吵架、离婚，害怕母亲的眼泪，更恐惧父亲的咆哮。

父母婚姻关系的失和，让我常常觉得人生充满了无力感，当我的母亲哭诉父亲对她不体贴、不关心时，我不知道如何安慰她；而当我的父亲抱怨母亲时，我也接不住他的情绪，承载不了他的怨念。

我的母亲对自己有着严苛的要求，她从不睡懒觉，也从不让自己闲下来。至于讨自己欢心，在她的认知模式里，那更是不被允许的。

在外婆的打骂声里长大的母亲，从小就没被爱过，她也不知道如何去爱自己，她对我的父亲有诸多抱怨，对我们姐妹也有无尽的不满，但她依然在孜孜不倦地辛苦劳作，一面辛苦付出，一面不甘抱怨。

我的父亲为了逃避无休止的抱怨，要么是暴跳如雷的恐吓，要么是一言不发地逃离现场。这让母亲的情绪更加崩溃，觉得自己所有的付出都不值得，甚至有轻生的念头。

那么长期在这种环境下成长的我呢？时常充满了自责和负疚，无法自处。成年以后的我依然无法放松身心，哪怕是午睡也常常惊醒，对自己充满了苛责。

我曾让母亲丢下家务出去旅行，她很惊慌："怎么可能呢？事情没有干完，地没拖，玻璃没擦，衣服没洗，小孙子没人带……不去，不去。"

我说："可你分明已经不开心了啊！这些活儿在消耗你，让你满腹怨言，为什么就不能丢弃一下？哪怕一两天也是可以的。"

但我的母亲依然舍不得离开她的家，她的柴米油盐酱醋茶。尽管我许诺帮她安排好带小孙子的人，她也无法安心出门。

后来我分析，母亲已经习惯"自我牺牲"了，这很有可能是她获得自我存在感的一种方式。

而今，不少步入婚姻为人妻、为人母的女性朋友们也纷纷惊觉：一边牺牲一边抱怨，似乎是女性在婚姻里的常态。

然而，琐碎掩埋耐心，抱怨扼杀美好，多么可怕！

渐渐地，她们学会去控制自己，知分寸，有界限。爱家人，也留空间给家人，更留空间给自己。

颖颖就是这样的女人，尽管已婚已育，但她始终保持着独立空间，在她的自我坐标系里：自我实现＞工作＞孩子。

她的理由是："只有先经营好自己，才能经营好其他。"

所以，当事业版图扩大，因发展需要，她需要与家人两地分居时，她没有犹豫就选择了驻外冲锋。

对于孩子尚小的母亲来说，陪伴孩子，还是打拼事业？这是个难题。

但在颖颖看来，这压根儿就不是一个选择难题。事业上有需要，那就往前冲。事业做好了，自己开心了，才有能量陪孩子，这是她安置自己的一种方式。

为了保持独立的自我，她不断地与生活博弈：夫妻关系的博弈，婆媳关系的博弈，以及与自我关系的博弈，而原则是：不当提线木偶，不盲目牺牲自我，坚持自己的价值观以及生活标准。

于她而言：爱自己，是在保持自我的自留地。

不要成为绝望的家庭主妇，不要为了成全谁而委曲求全。

爱自己，理解自己，温柔地引导自己，才能内心平和，生活幸福。

三

爱自己，需要忠于自己。

在蔡志忠先生的一篇专访里，他说："自己是什么就做什么；是西瓜就做西瓜，是冬瓜就做冬瓜，是苹果就做苹果；冬瓜不必羡慕西瓜，西瓜也不必嫉妒苹果……"

从某种程度来说，忠于自己源于对自我价值观的坚定。

鱼儿和先生是我身边意志坚定的丁克夫妻。

尽管被催着生孩子，甚至被打上自私的标签，鱼儿依然是非常坚定的丁克族。

人生的活法千万种，并没有孰优孰劣，有人是群居的羚羊，有人是独处的老虎，有人是圈养的雀鸟，有人是迁徙的候鸟。

对于鱼儿来说，她是热衷于探索世界的鱼儿，自由自在，这种快乐要远远超过带一个小生命来到这世界。

和先生步入婚姻前，她曾独自在柬埔寨旅行，她热情地融入当地的风土人情，尝试着从没挑战过的冒险。

第一章 万事不抵我愿意

她曾试图近距离挑战鳄鱼的权威,也曾一边吓得汗如雨下,一边战战兢兢地把粗粗的水蛇绕在脖子上。

她曾在吴哥王城前敬畏、赞叹,在搅拌乳海的阿修罗、天神与蛇王的两排雕塑前默然前行。

与先生结婚后,一个人的潇潇洒洒,变成了两个人的策马奔腾。工作之余,两个人携手去世界各地,去感受大自然的鬼斧神工,去静候日出,送别日落,将自己一次次抛掷于地球的广袤中。

于鱼儿而言,虽然做不到三毛那样彻底流浪,但可以在平庸与精彩里切换自如:格子间里努力打拼的是鱼儿1.0版,驰骋于风光里的是鱼儿2.0版,两者互为能量补给,激发出她强大的生命力,这样的人生很完满,很知足。

朋友阿萱却不一样,她是一位瑜伽师,她说:"我对自己的好奇,多过对别人的好奇。"

她不喜欢旅行,日常里常做的就是静坐、冥想、瑜伽、读书、写作,向内探索。

不管是鱼儿,还是阿萱,她们都懂得悦纳自己,丰盈、喜悦、满足、宽容、坚韧。

接受自己的本性,对于自己的劣势不惶恐,对于他人的优势不艳羡。

随心、随缘，将自己融入此时、此刻，这就是爱自己的状态。

爱自己，能让人有一股泰山崩于前而色不变的自信，胸中筑丘壑的韧劲与力量。

这股精神，让我们即使从水里淌过，从泥里滚过，哪怕最终身处繁华嘈杂之中，也能获得从内散发出来的静水深流的豁达与通透。

第二章　谢谢自己够勇敢

TWO

愿你拥有转危为安的能力

一

2016年的巴西十分动荡，但小欣仍坚持去做了里约热内卢奥运会的志愿者。

从拿到奥组委的志愿者录用函开始，她就开始软磨硬泡地说服家人以及朋友。

大家告诉她：巴西局势混乱，千万不能去，去了就有丧命的可能。

危机重重，去，还是不去？

在大部分人看来，在危机时刻去冒险就是犯傻。

但小欣不想放弃来之不易的机会，她坚信危机中藏有生机，险境中自有转机。

丘吉尔也说："乐观的人在每个危机里看到机会，悲观的人

第二章 谢谢自己够勇敢

在每个机会里看见危机。"

小欣是一位乐观的姑娘,虽然不主张冒进,但是遵从自己内心的小欣,似乎掌控住了自己的好运——那一年的里约热内卢奥运会,没有生死战场,没有危机,反而让她收获了满满的的幸福感。

在巴西的两个月,小欣结识了一群志同道合的朋友,还一起去参加了残奥会,并在残奥会期间和中国残奥击剑代表团建立了良好的友谊。

她说:"参加残奥会获得的正能量足够我受用终身。"

同时,她还感慨自己的好运气。不但逢凶化吉,没有与战争正面相逢,还在这期间很幸运地通过了2018年平昌冬奥会志愿者的申请。

她说:"要知道,此次志愿者申请全世界约有10万人,最终录取了1.4万人,其中只有1000名国际志愿者,而我非常幸运,笔试、面试都挺顺利的,是入选的30多个中国人之一。"

成为里约热内卢奥运会志愿者这件事,是小欣的人生拐点。从里约开始,她走向了更广阔的世界,人生的旅途里充满了热情、力量、生机与更多可能性。

不从众,也不盲进,于危处行走,抓住隐伏的机会,即得新生。

二

一场车祸将孙苹变成了另外一个人。

车祸前的孙苹，是一位以工作为重的职场女强人，是经常加班、疲于奔命的职场"工作狂"。

作为一个从农村走出来的人，不靠父母，只靠自己和老公两个人在上海买房、购车、养孩子，非常不容易。

她分秒必争地打拼，和老公用心构建着更好的生活，生活紧张得没有一点儿留白。

往前冲，不停拼，向上爬，不在舒适区停留半刻。

她说："我内心总有挥之不去的危机感，担心失业，害怕挫折，日子过得很焦虑。"

车祸终止了这一切。

当她不得不暂时放下工作时，她发现危机并没有爆发。相反，生活有了留白，人生有了余味。

当思绪飘离身心所处的经纬度时，她才惊觉：自己活在方寸之间，除了当下那份工作，基本什么也不会，什么风景也没来得及欣赏。生命是如此的短暂和无常，如果此次丧生，实在枉活一世。

这场车祸，让她重新认识了自己与生活。

出院以后，她开始"断舍离"。辞了工作，从零开始去读书，去学习各种技能，去看看更大的世界……生活变得有滋有味，事业也渐渐有所进展。

有时候，我们自以为过得挺有危机感，殊不知，是我们自己误解了"危机感"的定义。

我们活在船上，忙于搭建住处，看不见远处的风景，更看不到船下那片海。对自己所处的境况茫然无知，是麻木，是险境，更是提前扼杀了生机。

沉溺于舒适区，是一种危机。

而为了远离舒适区不断奔波，是另一种危机。

三

闹闹和三个朋友结伴徒步三垭口大环线。

起初他们很兴奋，渐渐地，当大家从卢卡拉到南池，又从南池到高乐雪时，有小伙伴开始躁动不安起来。

一是因为疲累，浑身肌肉酸痛；二是因为高原反应，呼吸变得粗重困难。

当然，更让人难以忍受的，其实是没完没了的翻山越岭，沿途的雪山白茫茫一片，看上去并没什么区别。

到高乐雪的路上，天气突变，狂风大作，风夹着冰和砂石砸向无处可逃的他们。

好不容易到了客栈，烦躁者更加烦躁忧心，心头产生了世界末日即将来临的危机感——去赏景是不可能的了，总觉得一不小心会被积雪吞没，或是被从天而降的冰块砸中。

在客栈休息了两天，天放晴了，但再次出发时却只有五人了——两个背夫，一个向导，闹闹和一个朋友。

这个朋友心态不稳，她是在闹闹的安慰和鼓励下才决定继续上路的。一路上，她始终眉头紧锁，如履薄冰、战战兢兢地走着，总担心会被从天而降的冰块砸中。

走了两日，虽然没有与掉落的冰块相逢，但朋友早已坐立难安。而闹闹呢？该看山看山，该看水看水，遇到村庄，也能与当地的夏尔巴人闹一闹。

看她在微信朋友圈更新的动态，风景美，文字也美：

"纯净的雪峰，气势磅礴的峭壁，云雾缭绕。起风了，云在地上跳起了《云之灵》，人变成了画中人，曲中人。

无风时，山谷静悄悄的，暖阳照射在冰冻的河床和雪山上，像铺了一层金色的光，雪的白、天的蓝与这金色交织在一起，更显得山谷静谧，而远处的珠穆朗玛峰则更加伟岸了……"

一路行走，一路分享，她甚至还在冰天雪地里穿着单薄地做着瑜伽，对着山谷大喊，从半山腰滑雪而下……一路上开心得像个孩子，丝毫没有惧色。

回来后，我问她："难道你当时不怕吗？队友们都放弃了，你怎么还能玩得那么欢乐？"

她笑笑说："我当然怕呀！但越是危机时刻，越应当有平缓的心境。那个时候自己还吓自己，就更危险了。但如果我心依旧，说不定下一刻就有了转机。事实上也是这样啊，那些看上去最危险的地方，往往都藏着最让人震撼的风景。"

想想的确如此。不管你要不要继续往下走，山都在那里，喜马拉雅山就在那里，珠穆朗玛峰就在那里，河流、村庄、山谷就在那里……

至于你眼中看到的是危峰险山，还是奇景生机？

那不取决于山，而是取决于我们对待境遇的态度——

悲观者见危，乐观者见机。

四

Lisa在事业如火如荼的时候，合伙人给了她致命一击。

合伙人显然是有备而来的，他不但拆解了Lisa的事业，还带走了主力老队友。

一夜之间，生机勃勃变成了危机四伏。

辛苦打拼的事业，瞬间面临坍塌。

这给她带来了巨大的影响，让她备受打击。

不过，Lisa不想被危机打败，更不愿意低头认栽，她迅速崛起，将这一事件转化为事业变革的契机。

如果只是单纯地把一个合伙人换为另一个合伙人，那么危机随时都会再来，人生变幻莫测，最靠得住的当然是自己，此外就是有效的创业机制。

她积极调整心态，很快就进入了解决问题的模式。困境激发出了她的强悍，她再次去做、去冲，永远往前走，不停地学。

那是一种高强度的工作状态，在这种状态中，Lisa练就了一身技能，也再次为自己的事业打开了新局面。

一方面，自己的事业在逆境中反而有了新发展，自然有志同道合的人愿意与她一起去为更锦绣的前程而合作；另一方面，规则与机制正在为事业的稳步向前添砖加瓦。

到目前为止，她自己已经拥有了7家店，并且稳步发展着。

可见，是危，还是机，在于当事人的一念之间。

强者能抓住危机，将其转化为有洞见的先机。

弱者则停滞抱怨，任由危机变死局。

是生机，还是死局，一切取决于你自己。

一个女孩的自我救赎

一

10年前,原圆来到中山后,她的身份是一名流水线女工。

10年后,原圆成为一名电子商务公司的产品运营,她还有让她引以为豪的身份:终身学习者,极致践行者。

从终止学业到走入社会,原圆已经折腾10年了。

从最初寻找与城市融合的失落、绝望、崩溃,到挣扎、无奈、妥协与承担,原圆的心被磨破了一层又一层。

这一段脱轨与变速的人生,让她以爆裂式的速度迅速长大,而其中磨损掉的,正是她的青春。

来到中山,原圆是百般无奈的。

她想读书,她渴望读书。她想上大学,她无比憧憬上大学。

然而,一切由不得她。

她问哥哥:"如果我去上大学,你肯赚钱送我去吗?"

哥哥说:"我也想支持你读大学,但是我现在工资低,你的学费都凑不齐。爸爸现在身体不好,你忍心他为了你继续日夜操劳吗?"

她问妈妈:"我能去读大学吗?"

妈妈说:"你不要去读大学了,家里负担不起啊!你爸生病以后都干不了重活儿,而且医生说要一直吃药,你的学费和生活费从哪里来?当初送你去读高中就很吃力了,如果你爸不生病,或许还可以送你上大学,但是家里现在这样的情况,不是我不想送你读,实在是没有那个能力啊。"

她问爸爸:"我应该去读大学吗?"

爸爸思考良久,长叹了一口气,说:"我很想送你去读大学,我一直都希望咱们家能出个大学生,但是阿爸老了,没有能力了,如果你去读大学,这钱从哪里来呢?人家说读一年大学大概要1万多块钱,你要读四年,这么多钱从哪里来呢?就算家里不花钱,阿爸天天出去卖水果,一年可能都赚不到1万块……"

于是,她的学业就这样被迫中断了。

她甚至找不到任何抱怨的理由,毕竟爸爸生病、哥哥能力有限、妈妈几乎没有挣钱的能力,这些都是活生生的现实。

不能埋怨妈妈,不能抱怨爸爸,不能苛责哥哥,她只能将沉

第二章　谢谢自己够勇敢

甸甸的现实挑在尚且稚嫩的肩上。

如何栖居在人生的裂痕上，成为她往后的人生主题。

但她不甘心，总以为如果去争取，去游说家人，她还会有上学的机会。毕竟，这样的选择，这样的场景，以前也发生过一次。

那时候，她刚以优异的成绩考上了县城的第二高级中学。

这本来是一个欢乐的消息，毕竟同村的小伙伴们考上高中的少，甚至有小伙伴要自费才能去这所高中读书，而她是靠自己的本事考上的。

"但是，妈妈和哥哥都劝我不要读高中，爸爸想送我读，但能力有限。"

归根结底就是家里太穷，出不起学费，让读高中成了奢望。

原圆不甘心，和家里人争取过好几次，也哭过好几次。

她这一哭一闹，让家人，尤其是她的爸爸更是如撕裂般疼痛。毕竟，天下的父母谁不盼望自己的儿女多读书，将来能过上美好的生活。只是，单靠他每天骑自行车贩卖水果，哪怕是不眠不休，他也供不起两个孩子读书。

2005年，原圆的哥哥已经在读中专，一个学期的学费是1700元，还需要生活费。这些情况原圆都知道，但她就是不甘心，她反复劝说父母："读了高中懂得的知识和道理多一些，以后也好找工作。家里没有钱,可以找叔叔先借一些。我初中能考好,高中也能学好,将来考上大学,家里就能出个大学生啦。"

原圆的爸爸一直盼望家里能出个大学生,他在犹豫后选择交出家里要被征收的农田,将征收农田的1万多元补贴给了女儿上学。

土地是农民的根,能让老父亲舍弃农田的,只能是对儿女的殷殷期盼吧!

但这次躺在病床上的他,是真的无能为力了。只能任凭女儿哭泣,只能任由她失学。

此情此景真正是:"便做春江都是泪,流不尽,许多愁。"

二

不管她是否愿意,原圆来到中山,成了一名工厂女工。

这是她没得选的选择,彼时的她虽然身在城市,但城市的生活和她的关系并不大——每天都有干不完的活儿,剪线、挑线、打结、烧线等,忙个不停。

这样也好,大脑处于麻痹状态,手快出活儿就好。

在工厂的那些年,原圆是混沌的,活着仿佛只是为了家人。

她省吃俭用,舍不得花钱,舍不得买衣服。最初的工资才2000多元,但大部分她都寄回了家。

第二章　谢谢自己够勇敢

家人们生活得那么艰难,她就想尽自己所能帮衬家人。

然而,命运还是没眷顾她。爸爸的身体还没康复,哥哥又生了一场大病,妈妈习惯大事小事都跟她说,向她抱怨,她只是需要在女儿这里寻找支撑点。

孤立无援的原圆呢?只能硬撑着,将什么都放在内心深处。

刚进入社会,她就挑起了生活的重担,只是又有谁能抚慰她在夜深人静时的那些眼泪呢?

工资就那么点儿,哪怕她不吃不喝也没有多少。抬头仰望,她看不清自己的未来,更不知归途。

原圆持续生活在一种旁人看不出来的焦灼中,她不知道自己的人生将要走向何方。

一方面,她劝诫自己不要患得患失,只管一心一意地做好当下的事情,别想太多;另一方面,她又希望能有某种救赎的力量,助自己走向光明。

救赎她的是她的善意,她的闺密在读大学时曾经有经济困难,尽管原圆当时也很拮据,但她还是义无反顾地帮助了闺密。

困顿易知恩情重,同样穷苦的闺密,在大学毕业参加工作后,邀请原圆来自己所在的公司工作。

闺密推荐的工作岗位是销售,这让在工厂待了好几年的原圆陷入自我怀疑,她恐惧未知,担心自己做不好。

她的纠结被闺密感觉到了，反复打电话劝说原圆辞职，让她离开工厂，重新开始。

在经过一番激烈的思想斗争后，原圆决定抓住这个机会。

这是一番考验毅力的较量。

新工作从练习打字开始，电脑对于她来说，还是相对陌生的工具。她在家练习打字一个星期后，才鼓起勇气去公司入职。

"进入公司后，我先学习销售，每天背产品参数，学习销售术语和技巧。但店铺刚开业不久，并没多少客户，所以不需要这么多销售员，了解完产品后我被安排到推广组学习，让一位推广组的前辈带我们。"

自己好似一张白纸，所以她觉得被公司安排在哪个岗位都一样，都需要从零开始。

她学销售、学推广、学做表格，因为基础薄弱，她下班后往往需要研究和消化很久。有时候研究不明白，她就会在网上查找资料学习。当然，上网也是她虚心向前辈请教才学会的。

她学习的劲头被老板了解后，老板会亲自教她一些东西，但老板脾气不好，发火骂人是常事。

但她认为自己是笨员工、笨学生，被骂是应该的，但自尊心脆弱，被骂后常常一个人躲起来哭。

她努力抓住每一次机会，压力却越来越大，常常产生快要窒息般的恐慌感，唯有不断努力学习，才能有所缓和。

她在电商平台上一遍又一遍地看视频学习和做笔记，再一遍接一遍地实操练习。

她学习如何做产品计划，如何跟踪，如何写总结，如何做产品策划和页面排版……

她经常是刚被老板骂完，随后就一边流泪，一边加班。

正是这段经历让她深度接触了互联网，在知识IP时代开启了更多的可能性，同时也让她与小伙伴们一起帮助公司打造过不少爆款产品，成了一名被老板尊重的产品运营人员。

三

当然，自我救赎之路不可能止于一份体面的工作。

当下的原圆，一方面将大部分的精力专注于已经得到的东西，她尽心尽力地将工作做到极致。另一方面，她尽力寻找其他的方向，她不想再在另一个五年后说"假如……"，所以她尽力使自己不错过当下的每一处精彩。

她每个月的工资大部分都寄给了父母，只留800元左右的生活费，其他的钱都花在了学习上。

她学理财，学写作，学营销……她太恐惧以前那种"没得选"的命运，她想要改变，想要经由自己的双手创造可选项。

过去的人生太苦了,就像飓风中的船,让她的内心积压了许多说不清的不安,所以她想尽力去窥视那些深不可测的未知领域,想学很多很多。

她坚信,当前的人生应该先播种知识与技能,只不过,自己的行动需要有方向、有效率、有产出。

学习,是她构筑"港湾"的工具。沉浸在学习里的时光,她没有畏惧,拥有足够的安全感,做事也有了方向。

那种感觉就像给在寒夜里迷路的人打开一扇门,并递去烛火,让他们看到了光,有了方向与力量走出困境。

在辛苦且充满劳绩的生活缝隙里,原圆越活越胆大,她敢于越过眼前,放飞自我,去探寻更多的可能,那个失学时迷茫、自卑且胆小的女孩已然真正长大。

失去青春之后,命运馈赠给原圆的是处于上升期的工作,以及努力推进就能看到成效的机会。但在夜深人静时,她还是会莫名的伤感。

席慕蓉在《青春》这首诗里写道:"含着泪,我一读再读,却不得不承认,青春是一本太仓促的书。"

原圆深表认同,对于这一本装订得极为拙劣的书,原圆决定将它彻底尘封在岁月深处。毕竟,人要向前看,不是吗?

爱一个人，就是爱一种生活方式

一

有人爱洛丽塔，因为心底里渴望活力四射；有人爱冒险者，因为骨子里热爱新鲜刺激；有人爱盖茨比，因为血液里期盼繁华热闹。然而，无论爱谁，记得爱心底所爱，方能长长久久；无论做什么，记得为自己而做，也就无怨无悔。

闺密找了个比自己小10岁的男朋友。这件事在她的亲友圈造成了巨大的轰动。

有人说："普通人就应该做靠谱儿的事。"

有人说："比你小那么多也下得了手？小心赔了夫人又折兵。"

有人说她是"颜控"，只看脸；有人提醒她，注意防骗；也有人唠叨她，不以结婚为目的的恋爱都是耍流氓。

但她既不想举旗投降，也不想摇旗呐喊，而是将这些一一无视,继续逍遥快活。

翻看她的朋友圈,幸福感扑面而来。照片上的她笑得可真开心啊,那是眉宇间都沸腾了的感觉。

看来闺密这次真的找对了人。她从来都爱自由、爱不拘一格的生活方式,而眼前的这个男孩,似乎给了她这种放松感。

几年前,家里人都极度怂恿她和一个家财万贯的"富二代"结婚。当时,那个"富二代"玩命地追求她,但她拒绝了。

我们都问她:"眼睁睁放走一只金龟婿,要下很大决心吧?"

她乐呵呵地说:"'富二代'需要的是贤妻良母,嫁给他以后就得相夫教子,做全职家庭主妇。"

闺密是个有野心、爱折腾的姑娘。在没折腾明白之前,岂肯做笼中的金丝雀。不过,"小鲜肉"目前的经济实力还是比较弱,所以他们在一起的时候,大部分开销都是闺密自己掏,日子过得紧巴巴的。

我问她:"后悔吗?放走了金龟婿,抓了个穷少年。"

"莫欺少年穷,他可是我见过的最有潜力、最有想法、最拼命的少年,再说,穷怎么啦?我们快活啊。"

爱有时候不是为了一种结果,而是一种心情。

对于闺密来说,她爱这个人,更爱和他在一起的这种放松感和舒适感。

第二章 谢谢自己够勇敢

我们都是自己生命的主角,我们应该选择一个能让自己更快乐、更自由、更美好的人,而不是放弃自我,匆匆成为别人生命中的插曲。

二

与闺密追求自由、新鲜、不受拘束的生活方式不同,Z姑娘爱的是安稳。

Z姑娘喜静。她从小就是一个安静的姑娘,安静地读书,安静地生活,安静地等待那个接她入城堡的好好先生出现。

她的梦想是做一个幸福的家庭主妇,拥有平淡而温暖的爱情生活。俩人在一起过简单的日子,一日三餐,你做饭我洗碗,晚饭后一起散散步,谈谈心。

可是Z姑娘的初恋却是力量型男友,他最爱的是跋山涉水、挑战极限和征战商海。

起初,他爱她的单纯美好,她爱他的宽阔深邃。然而,越相处,越发觉两人的性格南辕北辙。他觉得她太软弱,太缺乏斗志,单薄得无法和他一起扛起未来的生活和梦想;她则觉得他太刚强,把生活折腾得太过汹涌。

最后Z姑娘提出了分手,她深知:自己不是可以助他开疆拓土的那一支"枪",没有足够的力量与他同闯江湖,而他也不是自己的良人,过不了一粥一饭一人一世的淡泊宁静的生活。

对于Z姑娘来说,与其说自己不爱这个人,倒不如说她没办法接受和他在一起时的生活方式。

三

处在五光十色的江湖里,没理由不沾上一点儿纷争。

《东京女子图鉴》里的女主角绫不甘心在小地方度过一生,她离开家乡来到东京闯荡,在江湖纷争里沉浮,追寻她最初的人生梦想:成为别人羡慕的人!

她爱的是大都市里的繁华精彩,是精致奢华的香奈儿包包,是顶级奢华旋转餐厅里的浪漫。

所以,她看不起小地方的平庸日常,抛弃了都市里平凡卑微的第一任男友,勾搭上了"富二代"精英。出租房里的爱情再温暖,也留不住女人那一颗向往上流社会的心;出租房里一起吃火锅的小儿女的情长,虽然温馨,但比不上奢华物欲生活带来的刺激。

为了融入这座大城市,她铆足了劲儿往上走,在物欲横流里打拼。爱情不再是始于感觉,而是始于金钱,感觉不够,钞票来凑。

女主的功利心,让爱情也充满了功利色彩。于她,爱情只是

第二章　谢谢自己够勇敢

生活的第二战场。她选择和"富二代"精英在一起，沉浸在他身上的光环里，享受他带来的衣食住行等生活方式上的改变。

但最终，"富二代"精英抛弃了她，选择了与他门当户对的女人结婚。

剧中有个小插曲，女主偶遇"富二代"精英的妻子，得知她已和"富二代"离婚，理由是她想实现自己的理想：开一家花店，做花店的老板娘，而"富二代"丈夫只希望她能照顾家庭。

有一个采访显示：日本东京有许多女孩子不愿意嫁给有房有车的男人，因为他们什么都有了，那就更加没有斗志了。女孩们更推崇小两口从一无所有开始，一点一滴地构筑希望的生活方式。

因为这不仅是生活的构筑过程，更是情感的构筑过程。

四

有的人有房有车，但和他一起生活，就像画地为牢，无趣得让人接受不了。

有的人有股票有存款，但和他一起生活，钱味太浓，世俗味呛得让人受不了。

你可以爱Z姑娘这样的女孩子，也可以鄙视虚荣女。重要的是，你不要身体与灵魂撕裂，那是一种痛苦的内心撕裂。

如何预防心灵撕裂？

首先，要对自己和理想对象画像。

你自己属于哪一类呢？你的理想对象又是怎样的呢？

女生期待的理想对象是：多金，对自己好，健康，专一，成熟稳重，有责任心，帅气，温和。

男生期待的理想对象是：漂亮，有气质，温柔，健康，年轻，有品位，聪明，独立，善良。

选五项，并且按次序排列，你会如何做选择呢？你的选择就代表着你的价值观，也就是自己更希望展开的生活方式。

其次，把时间和空间都留给契合自己心意的人。

因出演《哈利·波特》中赫敏一角而出名的艾玛·沃特森，智慧、聪明、清醒，对事业和生活都有清晰的规划。她在事业极速狂奔的时候选择读书，她坚持做学霸，灵活游走于各个领域。

想来，她这样的女孩不会等待，更不会让自己成为被王子救赎的灰姑娘，她喜欢主动出击，将自己打磨成公主，然后再去美女救英雄，一如她在《美女与野兽》中塑造的角色。

最后，不要失去对真实而有意义的人的价值认知。

有一种婚恋观是"始于金钱，合于三观，成于人品"，但我们不要被外表的虚化绑架，不要被皮囊上的名牌捆绑，就如买衣服，看中的应该是价值，而不是价格。

第二章　谢谢自己够勇敢

看人也是如此，应该看到人的本质，才能找到自己生命的价值。因为和一个怎样的人在一起，你的生活方式就是怎样。

当然，与其说"近朱者赤，近墨者黑"，倒不如说你是什么样的人，就会吸引什么样的人。

所以，想找到自己心仪的对象，还是从修炼自己开始吧。亦舒在《这双手虽然小》中借女主角嘉扬之口说："这双手虽然小，但属于我，不属于你。"

这世间大多数东西，靠个人奋斗得到，才真正属于自己。

聪明的人，都很会"偷懒"

一

怀孕时，我有很长一段时间心情不好。

挺着肚子上班，睡不好，也吃不好，十分疲累。再加上家务事烦琐，老公又笨手笨脚，便常与他争吵。一次吵架之后，我夺门而出，直奔汽车站，买了票就去闺密家了。

闺密已婚已育，孩子两岁，老公常年在外出差，也是一个人拉扯着孩子。

但她并不觉得累，平日里还接了兼职，在我这个新手妈妈看来，她简直是个超人。

那天恰逢周五，她老公也刚到家。

一到家，这先生先是抱过孩子逗乐儿，接着迅速下厨房，给我们做面条。

第二章 谢谢自己够勇敢

吃完面,闺密没有吩咐,她先生就主动去给孩子洗澡,接着收拾屋子、拖地洗衣,抱过孩子给她讲故事哄睡。

第二天天未亮,我就闻到了一股扑鼻的香味,便蹑手蹑脚地起床了。

闺密和孩子还在安睡,厨房里忙个不停的是她的先生。餐桌上放了一堆新鲜蔬果,可以看出,他刚从菜市场回来。厨房门是关着的,透过玻璃窗,能够看到他的动作轻巧且熟练。

看着这一幕,再想想自己那笨手笨脚的先生,更是羡慕闺密,觉得自己真不如她命好。

为了不打扰他,我悄悄退回书房,拿起手机一看:几十个未接来电以及数十条短信。

我头脑里忽然冒出一个想法,便悄悄到客厅拍摄下闺密老公忙忙碌碌的样子,然后把照片发给了我的老公,想让他看看别人家的老公是怎样的。

这时候闺密醒了,准确来说,是孩子醒了。她的先生赶紧取下围裙,洗了手就去给孩子冲奶粉,又去抱孩子出来洗脸刷牙,喂孩子喝奶。

闺密呢?她慢悠悠地洗脸刷牙之后,从厨房端出粥、鸡蛋以及鸡蛋饼。

她边吃边说:"别羡慕我,我也就是周末享两天清福,平日他都不在家,够我忙的。"

她先生伺候孩子喝完奶,让她自己玩耍,随即进厨房打了两杯果汁。

吃完早餐,闺密提议去逛街,她先生坚持要开车送我们,说自己也要去超市买食材。等我们逛完回家,桌子上已经摆了满满一桌饭菜,色香味俱全,我这个很久没食欲的大肚婆,居然吃了两大碗。

下午,他先生包饺子、卤牛肉、卤凤爪、卤鸡蛋,接着又哄孩子睡午觉,甚至把换被子、洗被子的活儿都包揽了。

我问他:"你累吗?出差一周,回来又是马不停蹄地干活,身体受得了吗?"

他笑笑说:"我比较享受,敏儿比较累。工作日她一个人带孩子,我又帮不上,所以只能在周末多给她储备一些食物,让她不至于饿肚子。"

等闺密的先生离开后,我打开她那大大的双开门冰箱,真是要啥有啥。饺子馄饨都已经包好,水果、蔬菜、肉类放了满满一冰箱。

我说:"我终于懂得你为什么说你闲了,你的先生虽然不在身边,但是比在身边还好啊。好羡慕啊!"

闺密乐了:"羡慕吧?那就好好改变你的先生。"

第二章 谢谢自己够勇敢

"怎么改变？他一个成年人，我还能改变他？"

闺密笑了，说："告诉你，我先生以前可真是什么也不会做。他是家里的独子，从小被父母宠爱着，哪里会干这些家务呀！"

"可我看他干得挺好的，又细心又用心，我都望尘莫及。"

"你别瞪我，真能改变。"

"如何改变？"

"首先你自己得学会偷懒，有些事你别做，让他做。另外，要学会睁一只眼闭一只眼，只要他在做，你就夸他，哪怕他做得不好也夸。夸完之后，告诉他有网络菜谱之类的东西，他自然就懂啦。"

"那是你的先生自觉，我家那位懂了也会装不懂。"

闺密摆摆手说："你得学会转化人心啊！聪明的女人可不让自己死扛，不然老得快，感情也去得快。"

"如何转化？"

"夫妻沟通很关键，遇到问题不过夜，尽量去沟通化解。如果做不到，那就信任他。你可以先使唤他，然后尽量多夸他。像那儿歌里唱的：'抱抱我，夸夸我，亲亲我……'其实不止孩子有这些要求，伴侣也有。"

闺密一边说，一边拿出卤牛肉、卤鸡爪……我一尝："真好吃，手艺真好。"

闺密笑着说:"为了卤牛肉,咱也得多夸他,对不?毕竟调动他的积极性之后,最后轻松的是我,这是幸福偷懒术……"

听着闺密的笑声,看到那满满一大冰箱好吃的,这种情景定格在了我的脑海里。

二

咕咕的懒在发小儿圈是出了名的:从小十指不沾阳春水,能坐着就不站着,能躺着就不坐着……

提起她,发小儿们在心里就先"噗"了。

但提起她在育儿上的成就,发小儿们却羡慕地"啧啧"。

再提起她在商业上的成功,发小儿们心里更是"啧啧啧啧"。

可是,凭什么呢?

她那么懒!

"你凭什么?"

"就凭我懒啊!"

她懒,孩子们从小就只能自己刷牙洗脸、穿衣吃饭,出门旅行自己收拾行李箱……凡事自己来。

只是没想到,她的"偷懒"反而成全了俩孩子,他们都非常独立。

她懒,所有的工作她都尽量用最省时省力的办法去解决——

第二章 谢谢自己够勇敢

能用巧劲儿的，绝不用蛮劲儿；能借力的，绝对不自己发力。

朋友带孩子去她家玩，离开时孩子不小心将电话手表掉在了桂林火车站，手表被工作人员捡到后放在车站客服中心。车站给她提供了两个办法：一是找人去拿；二是随车带到当地火车站，去车站拿。

朋友知道咕咕懒，料想她不会亲自去拿，就选择了随车带回。但车站不肯提供联系人电话，只说到时候去车站问就是了。过了好几天也没消息，打电话问，手表还在桂林。

孩子喜欢那只手表，哭着闹着，朋友只好给咕咕打电话了。

她果然不乐意："那地方不好找停车位，来回折腾，至少得花费我两个小时，我懒得折腾。但是我有个建议，你给快递公司的客服打电话，让他们派快递员上门取件，更快更方便。"

这事就这么轻轻松松搞定了。本来要折腾两三回的事，一个电话就搞定了，为双方都节省了时间。

朋友逢人就说这事，说咕咕真是擅长偷懒，佩服不已。

咕咕却说："这都不算啥，我偷大懒的时候可多了去了！"

不想接送孩子上下学，她就给了邻居一笔费用，让其顺便接送孩子。邻居本来也要接送自己的孩子，又有收入，那个全职妈妈便非常欣喜地接受了这份差事。

不想陪孩子练英语，她就在小区里给孩子找了一个英国小朋友,让孩子与他组队互为彼此的语言老师。

她公司的主业是生产并销售腻子粉,近两年才进军乳胶漆行业。经过两年折腾,乳胶漆这条业务线终于盈利了,但她觉得太累、太折腾了,要聘请产品专家,要租厂房,还要管理工人。虽然能挣点儿钱,但付出非常多。

她建议先生把乳胶漆生产线包出去,公司只负责销售。

起初,先生并不同意,认为她只不过是怕麻烦,爱偷懒。

她拿出公司账目对先生说:"我的确是想偷懒,想着怎么省力气挣大钱。不过你想,咱们工厂有十多年的腻子粉生产销售经验,做起来轻车熟路,那为什么不将更多的精力专注在自己的长板上呢?更何况长板长了,短板也能借助它起飞,就拿咱们的乳胶漆产业来说,其销售不就是依靠腻子粉的经销商渠道吗?如果腻子粉销售渠道铺得越广,那乳胶漆销量不也上来了?"

尽管半信半疑,先生还是同意让她折腾。

她大刀阔斧地砍掉烦琐的乳胶漆生产线,将其承包给了专业的人,将更多资源放在了腻子粉的生产与销售上。事实上,经她这样布局,腻子粉的生产销售额得以提升,经销商越来越多,渠道铺得更广,副业乳胶漆销售收入也较往年翻了一倍。

先生夸道:"看来懒人也会有好运气啊,我这条老黄牛还得向你学习呦。"

三

这世上有两种截然相反的活法,一种是埋头翻山越岭,一种是抬头随机应变。

前者是老黄牛耕田,兢兢业业,不达目标决不罢休;后者是顺势而为,找巧劲儿寻捷径,追求速度和成效。

当然还有一种活法,就是将以上两种活法折中,该脚踏实地时不妨步步为营,可趁风扬帆时大可长驱直入。

咕咕的老公在人生前三十多载就以第一种活法求道,36岁以后他逐渐领悟到:后者也不是完全不可取,如果脚下恰巧踩到了风火轮,为何不借力鹏程万里?

认识咕咕前,他从农村来到城市,租住在一间狭窄得只能放下一张床的小暗屋里,天未亮就起床干活,天黑才收工,晚上看书学营销,练口才。

那个时候的他什么都没有,只有埋头苦干,他从粉刷匠做到代理商,再到自己创业,一步步全靠勤奋。

所以,在他的内心深处:凡事都经百般磨炼得来才心安,所有资历和成就经历铁杵般的反复打磨得来才合理,直接登上最美的山顶是不应该的。

也因为这种从不偷懒的心态,他活得十分疲累与焦虑。

但认识咕咕后,咕咕的慢性子,尤其是"身懒心不懒"的偷懒术慢慢改变了他,让他明白:聪明人不是不走捷径,而是懂得把专业的事交付给专业的人,把不需要手工的活动交付给机械,将烦琐的流程交给社会分工,这些都是省下时间和精力的方式。

在咕咕的帮助下,他的工厂逐步引进现代化设备,年产量翻番,人工成本下降,生意是一日比一日红火。

咕咕也因此成为夫家人心目中的旺夫女人。尽管她并不是上得厅堂、下得厨房的女强人,也不是夜以继日、努力奋斗的创业人。她活得懒散,但她养的孩子聪明独立,她的婚姻甜蜜幸福,她的事业蒸蒸日上。

这是好命吗?

她说,这是自己会"偷懒",凡事冷眼旁观,该出手时再出手,往往事半功倍。

可见,真正的勤奋是从战略到战术上的勤奋,而不是凡事都面面俱到的教条劳作。

四

"偷懒"思想,催人思考,逼人成长,也让人得到更大的自由。"偷懒"更是人类文明发展的动力。比如,人类为了不洗碗,发明了洗碗机;为了不洗衣服,发明了洗衣机;为了不走路,发明了各类交通工具……

古典老师在《跃迁》中提到，每当他想到一个点子，他不会马上继续独自思考下去，而是会上网找找有没有其他人也激发过类似的思考，或者直接打电话给一个专业人士聊聊业内的最新动态。

有人反驳，这跟凡事先上网查有什么区别？这样下去，人还有思考能力吗？

可是，现在的知识迭代更快、范围更广，联机思考能让思考的质量变得更高，从而更容易做出正确的决定，我们为何不能先请教他人？——站在巨人的肩膀上，是最高效的工作方式。关键是，你是否有站在巨人肩膀上的醒悟力。

电影《教父》里有句台词："在一秒内看到本质的人，和半辈子也看不清一件事本质的人，自然是不一样的命运。"

当你解绑自己，答案往往会自动浮现。

或者，你懂得借力去看清事件的本质。

最可怕的是，一个人站在北极点上拼命找北，那即便他再怎么努力，再怎么勤奋都是徒劳，因为他往哪看都是南方。

所以，我们应该记住的是：

如果能直接找到针，就不需要大费周章地将铁杵磨成针。

聪明的人，懂得什么时候可以走捷径，更懂得舍弃那些暗藏危机的捷径。必要时，他们也能脚踏实地，翻山越岭。

一切都是自己的安排

一

读大一时,因为用错了化妆品,莫莫整张脸变得面目全非,几近毁容。

对一个爱美的女孩来讲,这绝对是一桩灾难性的事件。

说不担心,不害怕,那肯定是假的。

本来洁白如玉的脸,忽然就变成草莓脸,她很恐慌,很难过,也很自卑。

本来神采飞扬的她,不得不用口罩遮住脸。

罗素说:"一个人的脸,就是一个人价值的外观。"

躲在口罩后面的莫莫决心换一种活法,打造新的价值外观。

她推掉了一切社团活动,埋首于书本之间。

她说:"我知道自己外表的受损只是暂时的,我的肢体、我的头脑和心灵都是健康的,所以我把注意力放在课业精进和其他事情上,不让自己过度关注外表的事。"

厘清了自我的莫莫,坚信通过自己的努力,不靠外表也能成全自个儿。

事实亦是如此,失之东隅,收之桑榆:在武汉大学俄语系就读的第三年,她被国家公派去莫斯科交流学习。在莫斯科交流的半年,她与来自世界各地以及不同文明国度的同学交流碰撞,这极大地拓宽了她的眼界。

随着视野逐渐扩大,她的目标也在不断迭代更新:交流生目标达成后,她给自己设立了保研的目标;保研目标达成后,她给自己设立了外交官的目标。

如今的莫莫神采飞扬。她的脸早已在时光的力量下得以修复,同时,心底的明媚又助她滋养出一张未来可期脸,她成了令人羡慕的气质美女翻译官。

心理学家李雪说:"不再向外寻求自己的生命支柱,那么内在的力量就会逐渐回归,热情、创造力、感受力会在我们身上复苏。"

想来,人生本来就是个不断清零的旅程,不能先去摘玫瑰,那就先摘月季。不管走上了哪条路,只要时刻保持空杯心态,依靠自己的力量坚定地走下去,未来就一定可期。

二

故小白一把火烧掉了所有的日记本,也一把火烧掉了过去。

这是她彻底向过去告别的一种方式,也是开启新生活的分水岭,就如她的个性签名:"往事不再回首,今后不再将就。"

33岁的故小白对自己的原生家庭讳莫如深,用她自己的话来说,"我的原生家庭,简直就是一部破碎的韩剧"。

她的童年里,几乎都是不幸带来的辛酸。

心理学家认为,人的一生就是人生前六年的不断重复,长大以后生活中也会不断地遭遇不幸和悲伤,心理学上称这种现象为"强迫性重复"。

不得不承认,心理学家说的有一定的道理。人生前三十载,她成为生活的傀儡,在泥泞里兜兜转转了好多年。

但这一次,她一把火烧了过往,将过往清零,也重燃了自己,决定依靠自己的力量重获新生。

她开店、读书、写作、演讲。

某一次演讲后,当被告知台上的她已是三个孩子的妈妈时,台下的人惊叹:分明就长着一张少女脸嘛!

是啊,皮肤干净白皙如四月的栀子花,眼神明亮如稻田下的清水,上天可真厚待她。

可真是上天的厚待吗?

第二章 谢谢自己够勇敢

破碎的原生家庭、离婚、单亲妈妈、养三个孩子……如果说厚待，那也是她厚待了自己。

三

被打脸的人生，靠什么逆袭？

花仙子的答案是：打回去！

怎么打回去呢？

依靠自己的力量，专注当下，安排当下，活在当下。

1991年时花仙子在读高一，正处于青春期。

这个时期的孩子，大都叛逆、清高、执拗，却又不谙世事。

因为物理老师的藐视和毫不留情的批评，她觉得自尊心受损，如同小孩子负气一样，她开始厌学，然后退学了。

那时候的她哪里知道，很多人闯进我们的生命里，只是为了给我们上一课。

可就是这么晃了一下神，待她清醒过来才发现：哎哟，时光如梭，过往岁月的尾巴想揪都揪不住。

这成了花仙子人生里的隐痛。

然而，人和人之间最大的区别就在于能否清理过去，并重新开始。

认知浅薄，只能看日暮西沉，兀自叹息，极易走进死胡同。

花仙子就是一个"很会更新自己"的人,她坚信:自己虽然走错了路,但只要用心走,也能收获另一种人生。

从学校出来后,她走上了自我谋生之路。她经营的饭店很成功,但因喜欢花,她关了饭店,拉着先生租地、建房建棚,开启了跌跌撞撞近二十年的种花之旅。

七千多个日日夜夜的用心耕耘,花仙子从一个门外汉变成了行家里手。

日出而作,日落而息,她心无旁骛,就像中了"蛊"似的,一切外界的诱惑都进不了她的心门,只专心做自己的花农。

站在花圃前,身着旗袍、手捧花朵的她,就是别人眼中的诗意和远方。

只有她自己知道,这诗意和远方里曾经伴随过多少险境:

眼看着花要上市了,一场大水浩浩荡荡而来,全冲蔫儿了。

每棚花都开得姹紫嫣红,可市场不景气,她不忍看,只能盼咐他人全扔了。

辛辛苦苦搭好的棚子,大雪过后,全压倒了。

大风刮来,她担心大风吹翻大棚,搭草帘子的时候,和草帘被风一同卷起扔到半空中。

给人发出去的花,收不到货款,也联系不上,损失不可估量。

……

人生百态，世间千面，一方花圃，包罗其中。

洪水暴雪、市场低迷、绝产绝收、遇人不淑……她从没想过放弃，一直走在解决问题的路上。

她生性倔强乐观，那些天灾人祸带来的悲伤，"嗖"地一下冲上云霄，转眼又消失在晴朗的天空里。

这也是她越活越年轻的原因所在。

如果说容颜是心灵的表象，那么清丽温和的她内心就有座无限延伸的玫瑰园，就像她自己花圃里的花朵，起初一小朵一小朵，后来一小片一小片，再后来蔓延为成片的花海，一波接一波，不断绽放。

花香弥漫，情意流转。当汗水、泪水与行动给日子镶上岁月的金边，再回过头去看——那正是她一路走过的芳华，它们支撑着她走到更远的地方，欣赏到更为丰盛的风景。

但在当时，她必须时刻提醒自己："人生漫漫，保持空杯心态，用行动带动信念更迭，用信念促进能量转化。"

四

成长是一个永恒的命题。尽管所有努力未必都有收获，却是积蓄能量的必经之路。

如果没有当初的经历作为铺垫，我们很难变成现在的自己。

过去的每一天,每件事,都沉淀在生命里,滋养我们不断成长。所有的路途,都在于自己的抉择:顺境下,策马奔腾;逆境下,扬鞭改道。

一切都是自己的安排。

人生如弹簧，能伸也能缩

一

买丹出生在映山红漫山遍野地绽放的季节。她的妈妈坐月子的房间靠近后山，每天被她的哭声吵醒后，一睁开眼，就能看到那半山红彤彤的春景。

很自然地，妈妈就想到了"丹"这个字。

爸爸姓买，她就成了买丹。

上学的时候，买丹没少被嘲笑，大家都叫她"买单"。

村里的人也总会冲她说："买丹，你爸爸妈妈又给你生弟弟咯，弟弟吃肉，姐姐买单。"

她很生气，下定决心要认真读书，考上好大学远离家乡。

大学毕业后，父母叫她回来考公务员，她坚持留在上海。为此，她差点儿和父母断绝关系。

她找了一份能养活自己的工作，给自己取了英文名，计划着开启新的人生。

然而，参加工作不到一个月，爸爸病倒了。

失去主心骨的妈妈整日魂不守舍、以泪洗面，她的天塌了，做事便没了主张。

买丹本想更加努力地工作，给家里多寄点儿钱，但妈妈一天给她打无数个电话，电话一通就哭哭啼啼，大事小事都问她：

"你爸爸的病怎么办？医生说也不是没得救，需要去大城市的大医院，但咱家拿不出这么多钱呀……

你那个还在读高中的弟弟怎么办？还得继续让他读书啊，但是学费从哪里来……

你爸这一病，你奶奶一着急，不小心摔断了腿，这还得照顾她，可我哪里又有精力照顾她呀，真是祸不单行啊……"

妈妈的唠叨终于压垮了她，泪流成河的失眠夜之后，她辞职回到了家乡。

她让妈妈照顾奶奶和弟弟，自己带着爸爸求医。

为了给爸爸治病，她不得不找亲戚们借钱，还款人当然是她。为了方便照顾爸爸，她决定在家乡找工作。但折腾几次之后她发现，要想在小地方发展，考公务员是个不错的途径，而父亲也一再暗示让她考公务员。

第二章 谢谢自己够勇敢

回想起几个月前,自己又是发誓又是跺脚,坚决不回家乡,坚决不考公务员,这才几个月,就要被"打脸"了?

买丹无奈地笑了,只能接受命运的"大手笔",收回初心,回家备战。

母亲为了补贴家用,去了镇上的工厂上班,所以,买丹在家备考的同时,还需要照顾父亲和奶奶。

时间几乎被端茶倒水、做饭洗衣、打扫房间占满,为了备考,她的睡眠时间一再被压缩。

睁眼的20个小时里,每一分,每一秒,不是在伺候病人,就是在与模拟题为伴。

但她特别能扛,明明肩负着巨大的压力,仍能有条不紊地备考。

努力没有白费,买丹一举通过考试,成为父母期待已久的"吃官饭的人"。

做了一辈子农民的父亲,最期盼的就是儿女能成为公务员,在他看来,"吃官饭"是最有面子的工作。

两年后,父亲因病情恶化去世,奶奶不久后也去世了。

弟弟在这年暑假过后,成了一名大学生。

姐弟俩展开了一场成人式的谈话。买丹开门见山:"现在父亲与奶奶虽然不在了,但是债务还在,如果靠公务员那点儿工资,是还不完债的。除非你想和我平分债务,否则我要出去闯天下了。"

弟弟也很争气,表示要平分债务。

姐姐拍拍弟弟的肩膀说:"你先搞定大学四年的学费以及生活费,至于债务要不要平分,等你大学毕业后再说。"

姐弟俩一同去说服母亲,母亲自然不同意。但买丹依然不顾母亲的反对,倔强地辞了公职,走出小镇,又奔向了大城市。

虽然找工作不容易,找到的工作也异常辛苦,但她感觉到自己的筋骨正在伸展,就像是一根被压缩的弹簧,终于可以慢慢回弹了。

二

买丹新找的工作是销售。

在这个行业,被客户拒绝是再正常不过的事,但她今天被拒了,明天再去,后天还去。

有个客户逗她,说她们公司的产品毫无创新,如果她能在第二天给出一个创新方案,他就考虑和她们公司合作。

她"啪啪"放下手中的东西,拿出手机打开录音,让客户再说一遍,客户被她吓得脸色铁青,像逃离瘟神一样弃她而去。

事后,她说:"其实我也知道这样很莽撞,可当时就想,

第二章 谢谢自己够勇敢

万一他骗我呢,我得留个证据。"

事实上,她那天回去就重新拟订了方案。

回到办公室时,同事们早已下班了。她就给项目相关的领导、同事打电话,向他们请教。

她不是专业的策划人员,懂的不多,要问的却很多,于是电话一个接一个地拨了出去。

有些同事被她的敬业精神打动了,干脆半夜回到公司,陪她一起加班。七八个人熬了一个通宵,次日八点半,大伙儿才沉沉地睡去。她却顾不上休息,火速赶到客户的公司,顶着两只熊猫眼与一头稻草式的头发,将策划案递给刚到办公室楼下的客户。

你以为接下来就有反转啦?并没有。

客户觉得这姑娘是个二愣子,一到办公室就把她的策划案扔进了垃圾桶。而公司那一帮同事也因此将买丹看得很轻,她再给他们打电话,他们心情好就接,心情不好就不接。领导呢?领导也觉得这个姑娘少根筋,但觉得她特别能吃苦耐劳,就让她继续留下了。

被冷遇,被嘲笑,自尊心强的姑娘早就辞职了,敏感一点儿的姑娘怕是都哭晕了。

她倒好,没事儿人一样。

对那个将她方案扔进垃圾桶的客户,她坚持定期拜访,自动过滤掉那些难听的话。

对那些不接她电话的同事，她照样跟他们打招呼。

午间吃饭，她能从男人聊到女人，从工作聊到生活，从相亲聊到八卦，从文学聊到影视，别人想聊什么，她都能侃侃而谈，这也让她收获了一些意料之外的朋友。

她说："我这叫'因人施话'，你说我能怎么办？大家都嫌弃我，我得去打破这尴尬，给自己争取机会。"

在这样的工作环境中，她硬是扛了四年。

孤军奋战的时候占大多数，因为没人愿意陪她一次次去撞南墙。她也不理会同事泼的冷水，而是单枪匹马地去撞，撞得头破血流确定此路不通后，她就果断回头。

一年365天，她天天都很忙，经常带着一张便携式午休床睡在公司。

四年之后，弟弟大学毕业了，而她也终于被老板重用，并视为心腹，升职为销售总监。更令人欣慰的是，当初的债务，她全都还清了。

新来了个小姑娘年轻漂亮，学历高且充满干劲儿，老板将姑娘派给买丹当助理。

跟着买丹跑了几次项目后，小姑娘认为她是个八面玲珑的圆熟女人，见风是风，见雨是雨，能与各种类型的人打成一片。

旁人告诉她，她并不生气，而是笑笑说："小丫头片子懂什么，等她熬两年就会明白：想要铁杵磨成针，就需要做弹簧人，职场也好，人生也好，都是这个道理。"

什么是弹簧人？就是为了更好地适应环境，将自己变成一个有弹性的人，能够适当压缩一下自己，适时地在夹缝中游走前进，直到抵达彼岸。

试想，世上万事，哪一件不需要付出耐心与毅力？做一个弹簧人，对世事保持一定的伸缩与变形，才能应对自如，游刃有余。

三

买丹的人生里，承担了大大小小的买单事件，愿意也好，不愿意也罢，她都不得不将其扛在肩头。

父亲去世时，她就想：倘若母亲给她取了别的名字，她这辈子是不是可以少买点儿单，也就不用过得这么辛苦了？

然而，名字并没有那么容易修改，她想想也就放弃了。

但当下，她更感激这个名字。人生本就是一个个买单的过程，关键是买单人的人生态度，于她来说，她选择做一个弹簧人。

重压下，选择暂时低头，待他日再扬眉吐气，伸展筋骨。人生狭窄处，缩一缩筋骨，便"柳暗花明又一村"。否则，怎么能适应这世上的生存法则呢?

如果体内没有这根"弹簧",很容易就被生活摧毁了。

当然,不管是低一低头,还是缩一缩筋骨,都要有底线。如果遇到超越底线的事,也去拉伸变形,久而久之,弹性松弛,人也就在松松垮垮里定型了。

弹簧人生,意味着自律,意味着分寸,意味着能屈能伸。高级的弹簧人生,意味着心想事成的能力。

善待体内的这根弹簧吧,过好你的余生。

活成自己喜欢的样子需要多久

一

娜姐又换住所了。

这是她继孩子上幼儿园后,第二次带着全家搬迁。

和很多"宝妈"一样,娜姐是在职业上升期变成一个家庭主妇的。

孩子的突然降临改变了她的生活,职场上的精明干练,变成了家里的面面俱到,曾经领导数千人的点兵点将,变成了三口之家的一日三餐……她有过短暂的迷茫与沮丧,但很快就明确了目标:"我只是暂时退出职场,等孩子上了幼儿园,我就重回职场,当下只要享受近三年难忘的育儿时光就好。"

秉持着这样的念头,她将家从城市搬回了乡下,足足过了两年半慢节奏的生活。田间地头,她踏踏实实地带着孩子生活,没有焦虑,每天陪吃、陪喝、陪玩、陪睡,闲下来就听课看书。

孩子一上幼儿园,过足了乡间生活的她,便迫不及待地将孩子放在老家,只身一人前往珠海寻找工作。稳定后,她就将孩子与家人接到珠海。不到一年,她又辞职,带着孩子和老公到了深圳。

老公可不是傀儡,自然少不得一番斗智斗勇,但拿下这个队友,是通往理想人生路的第一步。娜姐动之以情,晓之以理,花费了九牛二虎之力才让老公心甘情愿地陪着她折腾。

于她而言,在城市乡村间迁徙并不是为了别的,只是为了追寻自己心中的净土——它的名字叫"我喜欢"。

刚有孩子时,她渴望亲近大自然,渴望远离喧嚣,自然就回到了乡下。有了孩子后,她开始想念大城市朝气蓬勃的生活,那就继续回到大城市。

她可以在生娃后把家从大城市折腾到乡村,也可以把家从乡村折腾到大城市。但她不想将步子跨那么大,她选择先在珠海过渡,唤醒沉睡了两年的职场感,再进入生活节奏快的深圳。

在不少"宝妈"的眼里,这个女人一直过着自己想要的生活,无论是乡间的"悠然见南山",还是都市的"适者生存",始终都充满着魔力,牢牢吸引着她们围观她的生活。

但她们自己是不敢跨出那一步的,哪怕半步也怕得要命,理由无非是"我没有钱""没人帮忙带孩子"等。

娜姐就很有钱吗?

并没有。穿梭在各城市间,她一直租房,不得不将孩子午托、晚托,有时候还会带着孩子去公司加班。但因为每一步都踩在靠近自己心意的路上,所以她的心情一直是愉悦的,一切困难也就变得微不足道了。

从"全职妈妈"到"职场妈妈"的角色转换,她切入得很顺利。尽管也经历了一些时日,但因心理建设到位,她就像刚入职场的大学生一样朝气蓬勃,而知识与经验又远远超越他们,所以很快又从职场中脱颖而出。

孕育,常常让女人陷入尴尬的境地,但娜姐并没有熬成"黄脸婆",依旧光彩照人,活成了自己理想中的样子——在职场气场强大、峥嵘向前,在家温柔和煦、爱在当下。

二

Lin在见到主持人赛男时,内心仿佛被一股力量击中,于耀眼夺目的灯光下,她看到了自己喜欢的样子,她说:"这就是我的'女神',我想活成她这样。"

优雅、从容、淡定、自信,"女神"身上的这些品质,都是她所向往的。靠近"女神",就是靠近理想的自己。

Lin微胖,从未正式站上舞台,更别提演讲和主持了,但她对自己足够狠,也对自己有足够的信心。

她找来礼仪老师,学习形象礼仪,通过大量的练习使自己从身形上靠近女神。

她每天录制一个一分钟的演讲视频,为了达到理想效果,她要反复录几十遍,目的只有一个——拥有和"女神"一样的好声音,好台风。

她坚持读书学习,结识厉害的人,以求开阔眼界,拓展见识,拥有和"女神"一样的强大内心。

她把"女神"的照片洗出来,贴在床头,每天都看。这让她每天都充满了干劲儿,除了吃饭睡觉,不是在练习发音,就是在练习讲书,或是在练习姿态,她注重细节,做到极致,坚持不懈。

甚至在做饭炒菜时,她都在练习发音,练习说书,练习口部操。有时候睡梦里也在不停地练,一直练到腹部肌肉酸疼,舌头僵硬才肯罢休。

如此奋力拼搏的女人,岁月哪敢辜负?不到半年,她就站上了演讲舞台,而且是与她心中的"女神"同台。因为表现突出,她收到了讲书邀请。接着,她在家乡办了一场演讲会,同时还成立了演说俱乐部,而她是主理人。

如今,站在台上的她,已经变成了观众的"女神",成了自卑之人内心的光与热，成了追梦人内心的一把火。

你如果问她："活成自己喜欢的样子需要多久？"

她会毫不犹豫地告诉你："半年足矣！"

那么，如何才能活成自己喜欢的样子呢？

她说："付出不亚于任何人的努力，如果我只能付出普通人能够付出的，那么凭什么优秀的人是我？同样，如果我只能承受普通人能够承受的，又凭什么成功的人是我？我相信，用全部的生命和热情去靠近自己喜欢的样子，结果定不被辜负。"

三

你满足于当下的人生吗？

你对自己的当下满意吗？

最初，面对自己的人生，一桃总处于不满的情绪中。

尽管周围人羡慕她拥有"985"重点大学硕士学历、工学和经济学双学位、国企管理工作岗工作，但她对自己并不满意。哪怕是考过高级经济师后，她依然对自己不满意。

不但如此，她还对自己的过往不满意，对当下不满意，对自己的抉择不满意。

渴望拥有的太多了，所以她总是在羡慕别人，羡慕那些大学就开始创业的"90后"，羡慕年薪百万的企业高管，羡慕在打造个人品牌路上立竿见影的人……因为活在对他人生活的羡慕里，自己的生活反而失了焦。

然而，总有比她优秀、比她赚得多的人，因而她的焦虑也是源源不断的。于是，她常常陷入假设时刻：

假设高考那年坚持复读，然后填报自己喜欢的医学专业，就不会与从小憧憬的医生梦擦肩而过了。

假设本科毕业时放弃保研，选择去国际化的企业就职，或许现在的视野就更大了。

假设研究生毕业时不因求稳进了四线城市的国企，而是去大城市求职，或许现在的人生更精彩。

假设……

折磨人的就是这些"鱼和熊掌兼得"的心理，幸运的是，她敢于改变自己。

对自己当前的人生版本不满意？那就马不停蹄地去创造新的人生故事，去更新版本。

如何更新呢？

选择喜欢做的事，然后在实践中磨炼，经过刻意地练习，短板变长，长板足够长，人生版本不知不觉就被更新了。

在这种不断的更新换代中，她逐步意识到：与窥探万千相比，更重要的是接纳自我、欣赏自我，这才是身心松弛之道。

第二章 谢谢自己够勇敢

一桃总结道:"人生会有很多岔路,走了这一条你会幻想另外一条路上可能会有更美的风景,但是不身在其中,永远不知道那条路的艰辛。"

于是,一颗心逐渐安定下来,她渐渐学会了接纳与欣赏自己,事情反而能够如愿以偿。

电影《睡在我上铺的兄弟》里有句台词说得好:"我才懒得去想十年后的我是什么样子,我只在乎十年后的自己怎么看现在的我。"

每个人都有资格将自己活成喜欢的模样,却不是每个人都能活在喜欢自己的状态里。

我曾对朋友说:"最高级的活法就是将当下的生活过成自己想过的生活,也许软件、硬件还跟不上,但我们可以试着临渊结网。"

然而,承认吧,我们往往总在临渊羡鱼,却忘了退而结网,更不会去临渊结网。

只有全力以赴且接纳自我者,才有底气说:"我爱我,享受这不一样的烟火。"

▶第三章　总要习惯一个人

THREE

与其自怜，不如自爱

一

杜小丽有多可怜？

她是在街头一只手抱着孩子，一只手拎着大袋小袋的东西，坐在散落一地的瓜果、蔬菜中放声大哭的单亲妈妈。

她是被"95后"领导呼来喝去，在夹缝中求生存的"80后"。

她是在末班地铁上呼呼大睡，坐到终点站被地铁保安叫醒的挣扎者。

当然，觉得她可怜的都是旁人，是那些认识她却又不太熟悉她的人。

"杜小丽，你看你一脸憔悴的样子。你的经历若是被人写成一篇文章，肯定能引起轰动，标题就叫《街头崩溃的女人：成年人谁都活得不容易》。"

第三章　总要习惯一个人

"杜小丽,你每天被一群小年轻指挥,自尊心受得了吗?你还是找个好人家嫁了吧,单亲妈妈太可怜了。"

"姑娘,这是你第四次睡到终点站,你太辛苦了,得给自己解解压。"

杜小丽一边点头一边想:今天得先去书店给儿子买补习资料,再去超市买蔬果和肉类,还要去五金店买灯泡,晚饭后陪老人说说话,辅导孩子作业,最后去跑步。

她正在心里填写着必做清单,就听说话者反复问她:"杜小丽,你听到了吗?"

"听到了,听到了。好呀,好呀,谢谢你!"

然后所有人才发现,她把他们的话都当耳旁风了。

她依然我行我素,依然时不时地挨骂,时常崩溃大哭,但亲近她的人都知道,对于杜小丽来说,放声大哭就和每日洗脸刷牙一样,不舒服了就要来一次。好在,过后她就忘了,旁人还在可怜她,她却早已将烦恼抛到了九霄云外,按照宠爱自己的方式上天入地地撒野了一回又一回。

二

杜小丽在襁褓期就接受了自爱的教育。

她的父母工作忙碌,妈妈上班便带着她,每天上班路上抱着她就唠叨："小丽呀，你要乖哦。妈妈上班，小丽自己玩，玩累了就睡觉。要好好爱自己，妈妈才能放心上班。所以，小丽就帮妈妈忙，好好爱自己，和自己相处吧。"

一开始她哪里懂呢，但妈妈唠叨得多了，她似乎就懂了。平日不太哭，但哭了妈妈就知道她是饿了渴了，还是尿了拉了。

再大一点儿，她就是那个从孩提时就可以用零花钱买任何书来看的孩子；也是那个在寒暑假可以选择不回家，而是在全国各地随便玩一圈再回家的孩子。

父母常说的仍是那句话："你要学会爱自己呦，你能爱自己，爸妈这辈子就放心了。"

当她主动选择从糟糕的婚姻里解脱出来时，父母说："不怕，我们一直都在，但前提是这是你宠爱自己之途必做的选择。"

父母对她的爱的教育，让她活得自由洒脱，大哭、抽泣、无声流泪……微笑、浅笑、大笑……不必顾忌谁，也不必向谁乞讨爱，我随我意，我宠我心。

哭，不是示弱，不是求宠，而是借助眼泪将过往放逐到天际。

三

某次，她失业了。

"90后"加班狂上司觉得她太爱请假了：儿子生病了，儿

第三章 总要习惯一个人

子学校开家长会,儿子参加英语演讲比赛,父母生日,父母生病……尽管她该完成的工作都完成了,但上司仍觉得她太事儿了,对公司影响不好,毕竟公司推崇的是加班文化。

被解雇的那一刻她就开始哭,从上司办公室哭回自己办公桌前,但当人事将厚厚一摞解雇赔偿金给她时,她擦干了眼泪,当即在网上定了飞往新西兰的机票,开启了在天空开飞机的挑战。

爬升、转弯、俯冲……然后在机长的指导下来了一次360度旋转。

那一刻,杜小丽觉得自己似乎变成了《走出非洲》的主角,驾着飞机,俯瞰着广阔的大地:多彩的群山、大片的牧场绿草地,蔚蓝的海洋、冰川融化形成的河流……失业什么的,何足挂齿?

"世界是如此宽广,人生是如此壮阔,一定要好好活,要野、要更勇敢地活着,人生才够本儿!自爱者,本心自足矣。

顺便说一句:本人已经满血复活,'金主'们可以砸工作给我了,如雇用我,小丽我一定让你够本儿。"

这条微信朋友圈一发,果然就有客户向她抛出了橄榄枝。

想来,自爱就是一种生产力。

有能量爱自己,才有能量去做好其他事。

内心光明坦荡,才有可能助力别人的江山。

四

大学同学聚会，一帮女同学数完各自脸上的皱纹后，感慨起了生活与岁月。

有人说："杜小丽，你那个时候最爱哭了，可如今看来，你活得最滋润啦。你看你这皮肤，简直刚刚20出头嘛！离婚后，没少被爱情滋润吧？"

另一个同学说："是呀，是呀，看你在朋友圈发的动态，潜水、蹦极、跳伞、滑雪……快说，都是哪些男人陪你去的？"

杜小丽哈哈大笑说："我是自己人生偶像剧里的主角，自给自足，自娱自乐。"

可没人相信她。

倒是那个曾经追过她的男生，如今是同学们眼中的"钻石王老五"跳出来说："我无比相信杜小丽，她就是这样的人啊。杜小丽同学，她有一种能力，就是无论如何落魄，也能想方设法给自己最好的，哪怕再艰辛，也能在夹缝中生出春风来。"

他说了一个事例。

他说，大学时他曾陪她挤那人群无比拥挤的公交车，从河东跑到河西，就为了去高档商场领取免费的护肤品试用装。

马上就有她曾经的室友附和："的确有这事。那时候大家都是穷学生，也不太讲究，就杜小丽穷讲究，我们还没有护肤意识时,她每天都在那儿涂啊抹啊。一起逛街时,她也爱往护肤品试用品那儿蹭。"

杜小丽脸一红说:"我的确干过这事,那时候真的是穷,但又想变好。还记得毕业第一笔工资,我就用来买了自己心仪已久的护肤品。"

"你对自己可真好。我们哪里舍得,以前舍不得,有了孩子就更加舍不得了。"

"对啊,哪里舍得呢,省下来的钱都用来送孩子上兴趣班了。"

"想想咱们也是够可怜的,节衣缩食成了黄脸婆,更可气的是老公却不怜惜、不领情。"

……

话题突变,由爱自己变成了吐槽老公。

杜小丽没有老公,但也耐心地听完大家的抱怨,末了她说:

"各位要爱自己啊,无论什么时候都不能忘了:与其自怜,不如自爱。"

五

在杜小丽的世界里,所有困境都可以通过"宠自己一把"翻篇儿。

她宠自己的方式有很多种,没钱时睡一觉,有钱时大吃一顿，或者奖励自己一场旅行。

在她看来，自己就是自己人生偶像剧里的主角：

落魄时，她呼呼大睡，似乎要将自己当成睡美人。

学潜水时，她似乎化身为畅游海底的美人鱼。

跳伞时，她又"秒变"英勇女战士。

她滑雪、蹦极……尽情地释放着自己对生活的激情与对自由生命的渴望。

对于杜小丽来说，世上只有一种成功，就是用自己中意的方式度过一生。

活出自我，即自爱的最高出口。

在电影《追捕》里，高仓健饰演的杜丘冬人有一句特别潇洒的台词："你看多么蓝的天啊！一直走下去，你就会融化在蓝天里，走吧，一直向前走，别往两边看……"

杜小丽就是这样往前走的人，遇到过不去的坎儿，大哭一场，哭完告诉自己："小丽啊，你看，世界多辽阔啊！你要一直往前走，去看看更远的世界，走吧，一直向前走，别回头……"

有人认为：一个女人在成为母亲后，生活就是柴米油盐酱醋茶。然而，杜小丽却"上天入地"地活出了最野，也最烟火的人生。

放下,即新生

一

我最怕和妈妈聊到奶奶。

一聊到奶奶,妈妈就会开启诉苦模式,诸如:

生孩子时,没关心过;养孩子时,没帮衬过;重男轻女,对她的女儿关心不足;诽谤过她,中伤过她……

尽管她是一个孝顺的儿媳,尽管奶奶早已去世,但一提起奶奶,那些被辜负的伤心往事,她都会一件件地拿出来说,越说越伤心,总是以泪流满面收场。

我时常劝导我妈,过去的就让它过去,该放下的就要放下。若是放不下,受累的还是自己。

但她做不到。

这辈子,我妈放不下的事太多,所以身心疲惫了一辈子,年老时身体状态非常差。

尽管身体不太好,她仍将家人攥得紧紧的,丈夫、儿子、儿媳、女儿、孙子……

事实上,她一直在用她这一辈子的时光,成全着所有人。

但她不知道的是,就算一个女人成全了一个男人、一个孩子、一个家庭,最终,仍然要放下一切。

放不下,是痛苦。

放下,即新生。

二

婉艺最终决定放下所有,她离婚了,几乎净身出户。

尽管在此之前,闺密们已经就财产分割问题反复给她支着儿,诸如:

不要房子和车子,要店铺,且要男方一次性付清50万。

不要车子,要房子和店铺,如果他不肯,再补30万给他。

房子、车子、票子——清算,店铺估值多少钱,财产平分。

……

但姑娘一笑而过,一分钱没拿,就把婚给离了。

闺密们骂她,她只是淡淡地说:"你们不知道这日子有多难熬。一听要分财产,人家是打定心思不离了,拖!这得拖到猴年

第三章 总要习惯一个人

马月啊,我实在受不了啦!"

婉艺与前夫一见钟情,谈恋爱三年,结婚四年。两个人一起开淘宝店六年,从0到1,他们一起买房、买车。

恋爱期间,两个人就由于双方的价值观不同,人生观不一致常常吵架。她以为磨合磨合就好了,所以当双方家长催促结婚时,她犹豫了一下还是选择了走入婚姻。

婚后公公婆婆过来一起住,矛盾就更多了:

婉艺觉得钱就是用来花的,她想旅行、看电影,甚至是做公益,但在公婆眼里,除了必要的物质生活,其他都属于浪费。

婉艺爱热闹,常常叫朋友来家里吃饭。淘宝店刚开业,人手不够,碰上生意好会叫朋友们来帮忙,忙完就一起吃饭、唱歌,因这事没少和前夫吵架。公婆来了之后,她更不敢叫朋友来家里了。

婉艺爱自由,喜欢到处玩儿,但前夫控制欲强,婉艺出门不到一个小时,电话就打过来了。为了减少争吵,婉艺大部分时间都在工作室或家里,尽量不出门。

……

她觉得自己活得死气沉沉的,完全没有自我,像个傀儡。她不愿意继续压抑下去,不能任由泥沼把自己吞没而不自救。

但她放不下这段感情。七年,在这个快速迭代的互联网时代，是一笔巨大的时间投资。

舍不得，放不下，拔不出。

要将它清零，需要很大的勇气。

但相处越久越是磨得生痛，不断讨好他人以乞求得到可怜的在乎，让她觉知到自我价值感正在丧失，她似乎能听到自我在压抑中的嚎叫声。

她如此顾念旧情，却没想到，当自己怀着不舍向前夫提出离婚时，对方马上就翻脸了，甚至给了她一耳光。面对离婚协议上的财产分割明细，一家人更是将她视为公敌。

离婚的事一拖就是一年，朋友建议她借助强硬手段来离婚。但她最终放弃了上诉，选择净身出户。

"既然要放下，就彻底放下。"

结束了七年的感情，她离开待了多年的佛山，来到了广州，从零开始。

大龄净身离婚，在别人看来，就是自造绝境。

她却并不纠结自己的这七年时光，她知道自己如果一味讨好下去，终将会错过整个人生。

放下，不只是止损，更是为了突破那个恐惧的、讨好别人的自己，是为了活出真正的自我。

她借钱四处学习，不断参加各种线下课程，两年内取得了国

第三章 总要习惯一个人

家二级心理咨询师证、记忆培训师证,还和一个伙伴创办了以儿童心理学为基底,以快乐记忆法为工具,在大自然的环境下,轻松学习、自然释放的心灵成长游学。两年时间举办了37期,深受家长和孩子们喜爱。

她擅手工,懂服装,会设计,能写文案,手里也有大把产品资源以及推广渠道,以前的淘宝店就是在她的主导下做起来的。为了避嫌,她选择在离婚两年后新开了一家店铺,店铺的装修风格就是她的风格,她写的文案文艺又戳心,日子久了,竟然被不少老客户从茫茫店海中找到。

而她前夫的店铺,由文艺风转为"直男"风,产品越上越杂乱,图片和文案都很拙劣,生意一落千丈,最终只能任凭它杂草丛生。

不为年龄设限,不为一纸婚书捆绑,挣脱后的婉艺,内心有了逍遥于天地间的自由,那感觉就如萧红在《祖父的园子》中所写:"一切都活了,要做什么,就做什么。要怎么样,就怎么样,都是自由的。倭瓜愿意爬上架就爬上架,愿意爬上房就爬上房。黄瓜愿意开一朵花,就开一朵花,愿意结一个瓜,就结一个瓜。若都不愿意,就是一个瓜也不结,一朵花也不开,也没有人问它。玉米愿意长多高就长多高,它若愿意长上天去,也没有人管。"

婉艺的世界,由婉艺来定义。

三

采访小九时,有一件事让我印象深刻。

她有一个关系特别好的朋友,好到恨不得每时每刻都黏在一起。

高考前,俩人就约定要报考同一所大学。

高考成绩出来,她的分数可以去全国排名靠前的艺术学院,而朋友却落榜了。

为了能和最好的朋友在一起,她主动选择放弃梦想,放弃了吃尽苦头才考上的艺术学院,选择与朋友填选同一所比较普通的专科院校。

做这个决定,她犹豫过,也纠结过,毕竟放弃的是她憧憬了无数个夜晚的艺术梦想,放弃的是她为之付出过的无数努力,是——

那些努力学习的日日夜夜。

那些别人逛街,她在写影评的执着。

那些别人闲聊,她背诗歌的认真。

那些别人玩闹,她写习题的专注。

为了友谊,她自愿选择放弃,所有!

只是没想到,结局出乎意料。

朋友在填志愿的最后一天改了,且拖到最后一刻才告诉她,

第三章 总要习惯一个人

她已经来不及修改自己的志愿了。

最终,朋友去了她重新选择的学校,小九去了当初与朋友约定的那所特别偏僻的学校,与自己喜欢的艺术院校失之交臂。

世上的友谊和爱情一样,有许多种,令小九悲伤的是,她和朋友的这段友谊并不是她所期望的。

悲伤那么重,以至于大学同学评价她:"一个冰冷到怎么都焐不热的人。"

是的。被伤过的心,她害怕再次受伤。

"我变得特别敏感,也特别不敢相信人,因为我不知道我的掏心掏肺,会换来什么,是背叛还是陪伴?"

她在大学期间选择了封闭自己,从不轻易交心,也不再相信友谊。每天都独来独往,一个人看书,一个人睡觉,一个人泡在图书馆⋯⋯

"记忆最深刻的一件事是,有一次我突然发烧,独自一人去医务室输盐水。别的同学都有人陪,只有我,从头到尾都是一个人。最后,所有人都走了,只有我一个人孤零零地坐在医务室,就像被全世界抛弃了。

整整三年,我新交的朋友没超过5个,我不相信任何人,也不想被任何人相信,就蜷缩在自己的角落里,别人走不进来,我也不肯迈出去。"

调整不了，就会越陷越深。一直到毕业后参加工作，她才开始学着放下，放下那些无法挽留的情谊，那些无法靠近的人，那些无法修复的遗憾……

然而，整个大学时代因为放不下，她错失了很多人的情谊。

不过，好在重新出发，清风徐来。

事实上，不只是青春时代的友谊，我们和任何人的情谊，在时光的力量里都有可能渐行渐远。不如，放下执念，活在当下，就如新海诚在《她和她的猫》中所写的那样：

"我活在我的时间里，

她活在她的时间里，

因此，我们时间交错的瞬间，

对我而言比任何事物都要宝贵。"

四

牛阳阳小时候被欺凌过。

和大多数忙碌的父母一样，牛阳阳的父母总是很忙，且需要不断在外地出差。

牛阳阳不想成为寄人篱下的"小牛妹"，于是就变成了一个跟着父母在各个城市间不断辗转的孩子。

父母的工作每变动一次，她就转一次学，成为新的插班生。

第三章　总要习惯一个人

噩梦是从转入新的寄宿学校开始的。

与同学组队打扫教室的时候,大家对她呼来喝去,仿佛他们是高高在上的指挥者,而她是扫地、倒垃圾的女仆。

扫完整个教室,擦完所有玻璃,满头大汗的牛阳阳终于把垃圾桶运到垃圾场,倒出来的时候却傻眼了:桶底全是石头!

这些事就像噩梦一样种在了牛阳阳的心里。

"我就好像一个笑话,像是供人娱乐的工具。"

她想反抗,但她很自卑,因为身边总有家境好的女孩对她说:"你穿得好土,长得好丑。"

她在乎周围人对她的看法和评价,她变得敏感,她变得小心翼翼。她活得忐忑不安,她生怕自己一不小心引火烧身。

然而,越怕,越被人欺负。

父母希望她不要认怂,不要太软弱,应该学会用自己的方式反抗。

在父母的鼓励下,她开始学着反抗。

那天放学,当隔壁班的一个男生又开始在路上堵她,拉扯她的书包,试图把她推进路边因下雨而积水的水沟时,她奋力把对方的书包也扯了下来,并丢进了水沟里。

男孩愣住了,他没想到她会还手。

一个软弱惯了的人忽然还手,这个震慑力是很大的。

周围很多同学也看到了这一幕,她自己的勇气更是被定格的这一幕激发了。

她开始明白:越软弱,别人越喜欢欺负你,恰到好处的反击可以保护自己。

人就是这样,当生活踩躏你,你一味地忍它、让它、避它,只会将自己拖入一个更加黑暗的无底洞。只有不时地跳出来反抗它,才能让自我恢复宁静,才可能保持内心明净,成长为一个有力量的人。

然而,摆脱了欺凌,伤害依旧在。

心理学上认为,小时候遭遇过欺凌的孩子长大后,更容易变得内向、胆小、沉默寡言。

那些恶作剧,那些鬼魅一样的笑声不时地盘旋在她的脑海里,让她恨那些同学,恨那段过往,人变得敏感而寡言。

在亲朋好友的鼓励下,她用了很长时间才学会释怀,学会原谅,学会宽恕,学会放下过去。

她通过刻意练习,习得那种缩小不幸、放大幸福感的能力。

用努力去稀释困顿与悲伤,去做一个"拿得起,放得下"的姑娘。

她喜欢以作家三毛的话自勉:"我们一步一步走下去,踏踏实实地去走,永不抗拒生命交给我们的重负,才是一个勇者。"

第三章 总要习惯一个人

有时候,我们的人生难免负重而行,但真正的勇者是,怂过之后,能勇敢地站起来,能逃离黑暗。生活给予我们什么,都不卑不亢,用一个勇者的姿态去接纳它。

牛阳阳就是这样的勇士,她想借用艾佛列德·德索萨的诗——《去爱吧》,告诉那些和她一样受过伤的人:

去爱吧,就像不曾受过伤一样。

跳舞吧,就像没有人注视一样。

唱歌吧,就像没有人聆听一样。

工作吧,就像不需要金钱一样。

生活吧,就像今天就是末日一样。

……

活在当下,勇于结束,亦可重启满腔热血。

"浓人"远交,"淡人"可近处

一

有一名"博主"特别爱惜自己的羽毛,未曾有过自己的粉丝群。公众号运营好几年后,她决定招募自己的铁杆粉丝。为了筛选出那些可相见的灵魂,她设置了好几个填写明细。

有人洋洋洒洒写了数千字,句句夸她,恨不得掏心掏肺;有人却言简意赅,寥寥数语,既无夸赞,又无奉承,太过冷淡。

小助理一见,立即拿出手机准备加掏心掏肺者,却被博主制止:"加后者吧,后者更可长处。"

见小助理困惑,博主一笑告之:"世味薄方好,人情淡最长。'浓人'短交还好,时间一久,恐生失望之情。"

小助理点点头,内心却并不信服,当着博主的面加了"淡人",私下又加了"浓人",并将俩人同时拉入粉丝群里。

"浓人"天天在群里表达激动之情,"淡人"偶尔发言,大多时候都处于"潜水"状态。

博主本是淡泊慢热之人,除了分享电影截图、微信推文,以及一些偶尔的感触,从不会和粉丝们过分腻乎。

"浓人"天天在群里表白博主,博主的每一篇推文,每一个动态,她都会点评一番。

社群运营,有时候确实需要这样的"话痨",但"浓人"显然不满足与博主当前的关系,她要求添加好友,几次申请后,博主同意了。

本以为消停了,没想到"浓人"变得更积极,更主动。她甚至产生家长般的主场感,每天给博主发微信消息,从天气变化的穿衣提醒到饮食建议,甚至是朋友圈发布的动态,事无巨细,简直比亲妈还唠叨。

博主几近崩溃,只能表示抱歉并将她"拉黑",也将她踢出了粉丝群。

小助理表示抱歉,博主淡淡地说:"人和人的关系不要太稀薄,也不要太厚重,不宽也不窄,不浓也不淡,则刚刚好。"

二

"我能为你做些什么?需要帮助,随时告诉我。"

跟我说这话的是一位妙人，也是一个不折不扣的"淡人"。但我一次也没找过他，哪怕是身处困境的时候，也未曾开口。

我知道这位"淡人"一言九鼎，我知道只要我开口，他一定会尽自己的一切力量帮助我，但我依然没有开口。

我是担心资源消耗了，下次就不能用了吗？抑或我和他的关系没有要好到共渡难关的境界？

其实都不是。以我和他多年的接触交往，我深知，就算帮了我这一次，下一次只要我开口，他还会帮我。

但最终我选择依靠自己的力量渡过难关，原因在于我不想去打扰他，世人活着皆有万般愁，我何必再将世界向我掀起的丑陋面露给他看呢？

不忍心，也做不到。于是，我的脾气秉性也变得越来越"淡"，内心则越来越"强"。

那么，我们的情谊淡了吗？并没有。见面依然如故，双方或变话痨，或只是静坐着各自看书，都很好。即使节假日不送祝福，但某个栀子花开的深夜，发去一张花朵绽放的瞬间的照片，他不必迎合我，我也不必多说。都懂。

三

小时候，乡亲们的热情曾让我产生过恐慌。

第三章　总要习惯一个人

村子就那么大,东边人家里有点儿事,不到一分钟就能传到西边人家里去。

那一年,我大姑在西安因车祸丧生。爷爷和奶奶惊魂不定,村民们却如潮水般一波一波涌来。这个说:"节哀,人死不能复生……"那个说:"二老不要太伤心,照顾好自己的身体啊!"人群里甚至有人问:"抓到肇事者了吗?"

大家你一言我一语,悲伤中的爷爷和奶奶更加哀痛。他们本就处于六神无主的状态中:不知道怎样安排大姑的后事;没有出过远门,不知道要不要去西安见大姑最后一面,否则见到的只有骨灰……

可以说,那个时候的爷爷和奶奶慌乱、无助、悲痛。

村民们的确很热心,可惜他们的安慰根本起不了任何作用,反而迫使注重礼节的爷爷奶奶不得不匀出精力来感谢他们。

那情景就像电影《西雅图夜未眠》里男主人公丧妻时的遭遇一样。

葬礼结束后,男主人公回到公司,同事给了他一张名片:"这是我的心理医生,给他打电话吧。"

男主人公放下手头的工作,从文件夹掏出一大把名片,一边掏一边念:"丧偶互助会;芝加哥癌症病人家属支援会;单亲父母;拥抱自我、拥抱朋友、拥抱心理医生;努力工作,工作能拯救自己……"

人在伤痛时，太过浓烈的关系反而会让人避之不及。男主人公选择去西雅图，一方面是为了避免睹物思人，另一方面不能不说也有逃避"关系"的因素。

很多时候，原生家庭以及故乡是造物主落笔人情世故的点，以此为圆心浓浓地漾开，但大多数时候浓烈得让人招架不住。

如果住远一些呢？似乎又有了某种牵挂。

我的父母在二十多年前就离开了家乡，很多时候他们在广东打工，后来又定居广东。我们姐妹毕业后，也跟随父母留在广东。

爷爷奶奶去世后，家乡便真成了遥远的故乡，故乡里的人也成了记忆中的符号。

去年，爸爸忽然中风，不省人事，不得不急速从广东回到老家。后来爸爸的情况有所好转，但因需要疗养，又在医院住了近一个月。

人老了，更怕孤单。那一个月，爸爸对来医院看望他的老乡们充满了感激，对家乡又燃起了留恋之情。

但当他出院回到老家休养时，这种留恋很快又没了。

因为中风的后遗症，爸爸的腿脚变得不那么利索，有一只脚走路甚至有点儿跛，乡亲们终日拿他打趣，又始终以残疾人的眼光看他。虽然知道大家只是开玩笑,但时间一久,他还是受不了那种煎熬。

身体好些后,他迫不及待地说:"还是回广东吧,老乡们就像刺猬,距离太近了,扎人。"

作家黎戈说:"浓人远交,淡人可近处。甜人须设防,拙人有时可爱。"

可见,人际交往需要有一个度,对于不同的人,则要以不同的策略待之。

过浓,则闹哄哄,黏糊糊,伤人伤己。

做到"浓人"远交,"淡人"近处,则各自安好。

不剩不成精

一

去年春节,闺密J没有回家,而是与朋友在东京旅行过年。

当众人以为她可怜兮兮地在"避难",她的微信朋友圈却"晒"出滑雪、登山、品茶、插花等各种旅行照片。

她的生活一直很精彩,她也不屑"晒",这次纯粹是为了堵亲朋好友的嘴,要不然自己的父母就没得清净了,那些姑嫂婆姨们少不得在她父母面前感叹:

"J仔多可怜呀,一个人在外过年,冷冷清清的。所以说嘛,女孩子要早点儿嫁人。"

"你们太放纵孩子了,J仔也太不像话了,怎么可以一个人在外过年。所以说,女孩再怎么要强,还是要找个人陪伴的……"

作为"大龄"单身女青年,让J最煎熬的就是春节——七大

第三章　总要习惯一个人

姑八大姨、邻居同学甚至是老师，总一拨拨的好意催婚。

"女人嘛，最终还是要嫁人的，所以不要太挑，越挑越剩下。"

"要求不要太高了，差不多就行了，只怕越挑越没得挑了。"

父母早些年也催她，在她30岁以后反而不催了，但常常打趣她："你说你这是何苦，大过年的还要在外'避难'。"

她懒得争辩，只是给父母拜年并发微信红包，末了才淡淡地说："你们知道我不是回避，我只是图个耳根清净。"

的确如此，她不缺追求者，若她想结婚，就有人愿意与她"闪婚"。

但为了不被"剩"下，违背自己的心意嫁人，这事儿她做不出来，也坚决不做。

每每有人劝她，说希望她早点儿找一个可以把她捧在手心的人。她就会毫不客气地反驳道："我有手，我可以把自己捧在手心里。"

这些年，她总在不断尝试地新的职业赛道，天南地北地奔波忙碌，早已学会如何取悦自己。

在她看来，不按照别人设下的标准生活，不被世俗言论左右，而是接纳自己、喜爱自己、按照自己的心意生活，就是把自己捧在手心里。

至于婚姻，她想，如果能迎来被别人表白"终于等到你，还好没放弃"的机会，那就是人生大幸。

如果没有，一个人逍遥快活，剩成"妖精"也有趣。

二

孙大剩以前不叫孙大剩。在社群导师剽悍一只猫的建议下，他选择了这个有画面感的昵称。

孙大剩，别人念完这三个字，脑海里先蹦出一个一手持金箍棒，一手遮着一双火眼金睛的孙大圣，继而又想，怎么是"剩"而不是"圣"呢？

于是在思考的0.1秒间，大家轻轻松松地记住了这位大剩。

除了吸人眼球，大剩这个名字还蕴含着他的心声：最后的，就是最好的。

他常常唱歌自勉："十个男人七个傻，八个呆，九个坏，还有一个人人爱……"

他借用歌词，时刻提醒自己：不要焦虑，坚持做自己喜欢做的事。

他辞去工作，换到自己喜欢的领域，哪怕是从零开始，也充满了干劲。

过去，他和刚毕业的同学一样东奔西跑，生怕错过每一个风口。哪行热闹哪行凑，如今想明白后，内心也越来越敞亮。

如今，他做好了把自己剩下来的准备，放宽心去死磕一件事，哪怕未来没有成就，他也心甘情愿。

没想到，这样一坚持，做事效率反而高了。工作出彩，生活也变得丰富多彩，孙大剩变成了孙大胜。

三

我曾经看过一个这样的故事：

一农妇种玉米，每日都会去玉米地里看看。

其中有一棵玉米，野心特别大，它希望自己是第一个被农妇掰走的玉米，所以拼命伸展腰肢，努力生长。最终，它出落得身姿挺拔、粒粒饱满。它非常骄傲，认为自己长得这么壮，肯定会被农妇第一个掰下来。

然而并没有。农妇每天都来掰玉米，每天都会从它面前经过，但就是不掰它，周围的玉米笑话它白费力气，它被它们笑得不知所措。

直到整片庄稼都被掰完，农妇也没有把这棵壮玉米掰下来，它成为被剩下来的唯一一棵玉米。

这棵玉米非常伤心，一股气全窝在了心里。

当然，这是一颗拧巴且倔强的玉米，你看不上我，我偏要证明你有眼不识泰山，它广吸天地之精华，疯狂生长，最终，它由饱满的嫩黄色变成了坚硬成熟的黑紫色。

终于,老妇人用颤颤巍巍的双手摘下了它,先捧在手心里,又放在心窝上,最后还忍不住亲它一口:"你真不错,我果然没看错你。你可真的是庄稼地里的老大,可以作为明年的玉米种子啰。"

闺密J是这棵玉米,大剩也是这棵玉米,他们精力充沛、生机勃勃,最终将"被动剩"转变为"主动剩",将自己剩成了"种子选手"。

庄稼地里的玉米那么多,为什么种子选手却是它呢?

我想,原因就在于它能耐得了寂寞,不管有没有人看到,也要用尽全力去绽放。

当然,"剩"是灰色的,它只有在行动与选择的过程中才会亮起来。

张爱玲说:"出名要趁早"。

蒋方舟说:"早熟的苹果好卖"。

但别忘了,天才永远只是少数。

那些熬过岁月风霜,最终大器晚成的人往往更具有魅力。

这种魅力是一种"不剩不成精"的勇气结晶,是穿透时光的人生智慧,就如作家张洁所写:"我已有了一种特别的量具,它不量谷物只量感受。我的邻人不知和谷物同时收获的还有人生。

我已经爱过,恨过,欢笑过,哭泣过,体味过,彻悟过……细细想来,便知晴日多于阴雨,收获多于劳作。只要我认真地活过,无愧地付出过,人们将无权耻笑我是入不敷出的傻瓜,也不必用他的尺度来衡量我值得或是不值得。"

认真地活过,无愧地付出过,就值得。

至于,是剩,还是胜,那都是人生的感受。

世间好运，往往来自心酿

一

采访立新姐有一段时间了，但她的故事让我记忆犹新。

起初，我也像其他人一样，好奇她为什么总是好运连连，总有贵人相助，使自己的创业路一马平川。

她笑了笑，先问了我一个问题。

有一次，她的公司为一家世界500强公司紧急招聘一名大区销售经理。经过一个星期的严格筛选，还是没有找到合适的人选。时间有点儿紧张，困难也很多。最后，在历时两个星期的严格筛选与认真跟进后，团队终于找到了一个合适的人选。

该人选顺利通过了面试环节，企业也对他十分满意，但在背景调查时，团队发现他提供的前任老板的信息竟然是假的。

立新姐问我："这时要不要实话实说？"选择实话实说，意味着项目失败,要损失十多万元的服务费,以及赔进去自己公司耗费的人力物力。

立新姐选择了向项目公司实话实说,哪怕将要损失十多万元的服务费,她还是选择了直面现实。

但本来是很遗憾的一件事,最后却出现了喜剧性的转折。原来项目公司的面试官和候选人沟通后,才知道候选人只是担心前老板太忙,便胡乱填了信息。面试官联系上了候选人的前任老板,发现候选人所言属实。最终,双方成功签订了劳动合同。

也就是说,立新姐不但获得了十多万元的服务费,还获得了客户的高度认可。客户因为她做事认真、做人诚信,选择与她成为长期合作伙伴。

听完这个故事,我恍然大悟,这就是旁人眼里的鸿运当头,可它是凭空来的吗?

显然不是!哪里会有无缘无故的好运,一切都需要努力构建。有意也好,无意也罢,每一次构建依赖的都是靠谱儿的口碑和能力。

她接着又讲了两个故事。

多年前的一次春节,她主动提出送朋友去火车站,但因暴雨滂沱,遇上堵车,就这样错过了火车出发的时间。

朋友很失落,作为一个奋斗中的"小北漂",他一年中只在春节才有时间回一次家。

初心是好心,却将事情办砸了。怎么办?立新姐几乎没有犹豫,将朋友送到北京首都国际机场,还帮他买了一张全价机票,让他比乘坐火车提前十多个小时到家。

那时,她的工资并不高,却心甘情愿地自掏腰包,以促成朋友与家人共度春节的愿望。

没想到的是,她的这个朋友成了她的贵人之一。后来,她自己折腾着创业,朋友则去了一家位列世界500强的公司。朋友信任她,给她业务,变成了她的大客户。

另一位做人事总监的朋友,在她刚入猎头行业时,不考虑她的招聘经验是不是丰富,坚持将"在全国招近100个工程师"的大项目托付给她,理由是:她这个人值得百分百信任。

她果然一步一步稳扎稳打,如期完成了项目。朋友比她还开心,他得意于自己识人的眼光,兴奋地说:"你看,我没看错人吧,我的团队对你们这个项目的实施都很认可。"

靠谱与利他渗入了立新姐的骨子里,这是她取得好运的敲门砖,也是她事业节节高升的杠杆支撑点。

她的靠谱不但打动了朋友,也征服了朋友公司的总裁,总裁还给她推荐了大客户,好运一波接一波。

她说:"职场中,往往有一个定律,气量大小决定事业大小。

我们要放大自己的格局,常怀感恩之心。帮助别人,也是帮助自己;成就他人,同样是成就自己。"

看一个人的运气,不能只看表面,而要看内心。

没有人天生就自带好运,但靠谱儿与利他是构建好运的利器,它会给我们的人生际遇添砖加瓦。

二

张爱玲曾说:"同行相妒,似乎是不可避免的,何况都是女人——所有的女人都是同行。"

初入职场的海蓝,每天忙得像个刚过门的小媳妇。她一会儿为这个"婆婆"复印,一会儿替那个"婆婆"跑腿。有时候,"婆婆"们下班了,她还得加班为她们核对资料;"婆婆"们请假了,她得替她们完成工作;"婆婆"们工作出纰漏了,她还得替她们背锅……

好友认为她运气不好,找了一份受气的工作,想要替她打抱不平。

她笑而制止,说目前这个阶段,她只能选择接受现实,暂时认怂。

她的怂,是好脾气,从不与人正面交锋,也是多听从,多努力。比如有"横人"给她发号施令,她先接受,然后对指令进行加工与分析，领会背后的意图，用自己的方式直抵目标。

她的怂，是好心态，让别人享受主角光环与胜利成果，而自己则安心于幕后献策。帮忙却不邀功，自己的好点子帮了别人，也不抢他人成绩，这样既能在懂得感恩的人里播种好人缘，也能让习惯给她挖坑的人刮目相看。

她的怂，是好观念，她知道，外界情况不明时，身段必须柔软，内心必须刚强，行动必须积极。

她的怂，是好行为，她在8小时以内努力工作，8小时以外精进业务，在能力尚且不能独当一面时，默默忍受着一切不公。

熬得很苦时，她反复告诉自己："这一切都只是暂时的，是渡到彼岸时必经的风浪。"这是她的生存哲学。

不到一年，领导发现，办公室里的事只要问她就行了，安排什么工作她都能完成，于是让她去做更重要的工作，以前的杂活儿则让别人接了。

当晋升降临时，曾经遭受的挖坑与陷害，不过是一种动力罢了。根据马太效应，能力越强，资源越向她集中。其他部门有不少负责人向老板挖她，老板则更加器重她，常常带她出国洽谈业务。截至目前，她已借助出差的机会去过了很多地方，她被重用，被升职，被人羡慕着……

作家法布尔说："机会总是留给有准备的人。"这句话可以解读为：人要善于构建自己的好运，善于成就自己。

现在的海蓝是公司的"大内总管"，负责董事会、公关外联、人力资源、行政后勤等方面，上有领导帮助，下有员工支持，同级间互相协助。这个曾经被认为是运气最差的女人，变成了让人羡慕的被幸运女神恩宠的女人。

作家张德芬说："每一件发生在你身上的事情都是一个'礼物'，只是有的'礼物'包装得很难看，让我们心怀怨怼或是心存恐惧……如果你能带着信心，给它一点儿时间，耐心、细心地拆开这个惨不忍睹的外壳包装，你会享受到它内在蕴含着的美好，而且是为你量身打造的礼物。"

海蓝最近又升职了。更富有挑战性的岗位让她异常忙碌，但即使再忙碌，她也会不时地仰望星空。她是一个善于成全自己的人，从不会空等机会，凡事都主动出击。而好运呢？常常在她的主动把控下"砸"中她。

三

网上曾有人讨论过这样一个问题："如何才能拥有好运气？"

有人答："好运气来自好心眼、好观念、好脾气、好行为、好关系，但总结为一句话就是：好运气是自己给的。"

运源于势，势源于自身能量旋涡的流动方式。

用迟子建的话来说，就是："出了这个门，有人遭遇风雪，有人逢着彩虹；有人看见虎狼，有人逢着羔羊；有人在春天里发抖，有人在冬天里歌唱。浮沉烟云，总归幻象。悲苦是蜜，全凭心酿。"

世间好运，往往来自心酿。

想要获取更多的好运气，首要是学会保持好心情。凡事积极面对，说温暖的话，干走心的活儿。好好锻炼身体，好好睡觉，如此，才有足够强大的体力与精力承受高压，承受突如其来的失控，在无序中创造有序。

越舍得，越获得

一

"有舍才有得"，人人都知晓的这五个字，真正践行起来却难上加难。而那些真正做到舍得的人，往往都有收获意外之喜的机会。

舍得，是一种为人处世的哲学。

凤凰花开的日子，柳絮决定把家从广东搬回湖南去，除了搬家，还要搬厂。

其实想回家的资深"漂族"不少，毕竟深圳房价高，压力大，有时间挣钱，没时间享受生活。然而，回到家乡收入又不能得到保障。

她的老板倒好，愿意让她折腾，将几百人的工厂从广东搬到湖南某个小城市。

回到了家乡，房租、人工成本降低了，这样一来，柳絮的收入不减反增。

为此，众人没少羡慕柳絮，赞她那老板通情达理，羡慕她运气好遇到了贵人。

"我的老板非常好，老板娘也很好，他们是我的贵人。"

柳絮与老板夫妇之间有着深厚的友谊，而桥梁正是这份工厂加工的事业。

这份事业助柳絮在深圳有了买房买车的资本，也让老板有了更雄厚的财力开拓更广泛的事业。可工厂里那么多员工，这个"彩蛋"为什么就偏偏砸中了柳絮呢？

根本原因，在于柳絮的舍得——舍得花精力，舍得花钱。

无论做什么事，柳絮都舍得花精力，彼时作为外贸业务员的她，为了保证货物保质保量地发货而经常熬夜，有时候甚至会待在工厂两三天不眠不休；而在客户货款未到位时，为了减少工人对客户的误解，她甚至会拿自己的积蓄垫付工人的工资。

有人说她傻，就不怕客户跑路，但她坚信傻人有傻福。

即便如此，当老板将柳絮提拔为副总经理时，她还是被这份"傻福"惊呆了，这是真正的意外之喜。

不过，任谁都能明白，这份意外之喜其实是柳絮舍得后的福报。

这正是欲求有得，先学施舍。

二

舍得，是一种人生进阶的智慧。

莫卡是我远在新西兰的朋友。她曾和我分享过自己的求职经历：

当时，她有稳定的工作。某天，她无意中看到了一则新西兰航空公司招募空姐的信息。便突发奇想：或许我可以当空姐去见识一下世界，玩一玩。

说干就干，她立即着手申请，却发现从她生活的城市飞到北岛奥克兰面试，每次的往返机票都是300多纽币，折合人民币约1500元。整个面试有一轮电话面试、两轮面谈，她至少得花3000多人民币。

继续申请，还是放弃？毕竟现在的工作也很好，而空姐这一职位似乎有点儿遥不可及。

"为什么不去试一试呢？只要舍得花费这3000元，说不定世界从此就截然不同了。"

她咬咬牙去了，为了省下住宿费，她定了当天往返的机票。

这个姑娘在短短的两天里，赶飞机，赶面试，又接着赶飞机。

对她来说，这千里迢迢的奔波，有着万里前程的可能。

后来，她成功入职新西兰航空公司，成为一名空姐，开启了一段新的人生篇章。

她把这一切归功于舍得——舍掉拥有，得到更多。

实际上，这是她多年来的人生信条，舍了庐山，方知庐山真面目，舍了红尘，方知自己身在怎样的红尘里。

就这样不断地舍与得，莫卡这个普通家庭走出来的女孩，从中国折腾到日本，又从日本折腾到新西兰；从寿司店店员到女白领，再到空姐……真正做到了"登泰山而小天下"。

她让我相信：一个人的目光所及，就是她的世界，只有不断舍，才能不断得。

未来充满了未知，没有人能预测它。

迎接它的最好姿态，就是舍得。舍了才有得，要得便须舍。

三

舍得，是一种活在当下的格局。

舍去，才能迎来新生。

Candy花了10年才彻底明白这个道理。

高考填志愿时，一个服从调剂的小勾，让Candy在大学读了四年自己不喜欢的专业。

她苦熬着，熬过了大学四年，因为成绩优秀，她被保研了。

第三章 总要习惯一个人

站在人生小径的分岔路口，Candy纠结不已：人人羡慕她有保研资格，她却像是吞食了昂贵却极其难吃的食物，吐也不是，吞也不是。

毕竟，自己是真不喜欢这个专业，不喜欢到难以因被保研而喜悦的地步。

但要是舍了这个机会，她做不到。她付出四年努力才争取到的保研的机会，怎能轻易放弃？

Candy在纠结中读了电子工程的硕士，又读了光学工程的博士。

如果只管得，上天自会让你舍。

Candy学业有成，却少了快乐与开心，陷在无穷无尽的迷茫里的她，在漫天的昏暗里蹉跎着岁月。

走山路有山路的奇秀景色，走水路有水路的旖旎风光。最让人丧气的不过是走着山路，灵魂却在水路。

一晃多年而过，博士生Candy依旧不喜欢自己的专业，也无法从事与专业相关的工作，她过得百般忧愁，难以诉说内心的惆怅。

直到抑郁来临之前，她才下定决心舍了那十年付出，舍了那十年苦读，全身心地投入到自己的兴趣爱好里，专注于自己所喜欢的领域。

曾经，痛苦令她度日如年。

如今，愉悦让她分秒必争，乐在当下。

"幸亏舍了！若再不舍，再不止损，卷入这惆怅旋涡的将是一辈子的幸福时光。"

鱼与熊掌不可兼得，万事万物始于舍得。

舍不得眼前这一井好水，就只能止步于井底之蛙。

舍不得溪边杨柳绿，就做不了海中畅游鱼。

四

舍得，是一种经营人生的艺术。

贾平凹先生在《金钱与幸福》中提道："会活的人，或者说取得成功的人，其实懂得了两个字：舍得。"

盘子姑娘的人生经历，就是一部舍得史，小舍小得，大舍大得。

在单亲家庭长大的盘子，因家境艰难，21岁中专毕业后就到社会上摸爬滚打。

她的起点是流水线女工。年轻的女孩像个机器人一样，站在流水线前，每天做十几个小时机械化的重复动作。

既辛苦，又枯燥，而且一个月的工资才1800元。盘子很苦恼，她不想让自己的青春耗损在没日没夜的"机器人"生活上。

第三章 总要习惯一个人

5个月后,她花了3800元,报了某个白领培训班。

在当时,3800元对别人来说也许不多,但对1800元月薪的盘子来说,还真是一笔不菲的开支,但她舍得花。

她不但花光了身上所有的钱,还找姐姐借了钱。

这3800元换来了盘子的第一次蜕变——她的外在形象、内在气质都得到了提升,工作环境也从车间换到了办公室。

盘子能舍,也敢舍。

事业正值高峰期,她辞职了,为了爱情,舍了事业。

盘子和男友一起从广东去了杭州,从零开始。

新工作,挑战大,老板吝啬又故步自封,不同意花钱做网站,盘子就自掏腰包,花了1688元做了一个个人版的电子商铺。

接下来便是死磕,她上传产品信息,学习运营,查缺补漏……几乎有半年时间足不出户。

半年后,盘子的单月业绩达到了25万元。

足不出户就能挣到巨款,这在当时震惊也完全征服了她那丝毫不懂电子商务的老板——原来不用四处奔走,一个月也可以创下这么高的业绩,老板开始重用盘子,给了她极大的自我发挥空间。

小舍小得,大舍大得。

如果想要大江大海,需先舍了眼前的局促。

如果想要似锦前程,请先舍了眼前的安逸。

又过了一年,盘子决定舍下如鱼得水的职场生涯,自己创业。没想到,老板愿意出资赞助她。

真正是舍下旧我,即得风口。

于她,是大幸,是大运,是大得。

但细想,一切所得似乎又理所当然、水到渠成。

以舍求生,舍了才能得到新的生机。

越舍得,越获得。

来来往往,心安处才是故乡

一

没时间,这是当下大多数都市人的心声。

山海先生曾经也是这样一个在都市里没有时间享受生活的奋斗者。

在北京学习、成长,在北京奋斗、打拼,在北京遇见爱情,在北京慢慢拥有了自己的圈子。

结婚后,对家庭的责任成了山海先生拼搏的动力。四年前,他和爱人决定迎接宝宝的到来,考虑到北京雾霾严重,经常堵车,医院挂号难……他俩商量着去云南生孩子,之后再回来。

爱人在云南待产,他去陪伴,没想到去了之后就不想离开了。

云南小城四季如春的气候,他无法抵挡;纯净的空气,他无法抵挡;原生态的食材,他无法抵挡。但更吸引他的是小城富有生活气息的日常,是能读书、能思考的空白时间。

他和爱人商量后,决定将生活坐标从北京移到云南。

从一线大都市来到五线开外的小城市,如何展开生活,以什么为生,会面临怎样的挑战……这些他都没有想好,但他确定这是一个他想要的改变生活、改变命运航向的契机。于是,他和爱人带着孩子坚定地留在了云南。

他清楚自己想要什么样的生活,不轻易放弃成长的任何一个机会,也不能放弃生活。

或许,在这之前,他是勇者"山海";但在这之后,他是智者"山海"。

当然,他也会有难熬的时候,毕竟,一切从零开始。没有朋友,意味着没有社交;没有工作,意味着没有收入。

但心却是安宁的,他知道自己也在一线城市力争上游过,并在某些领域有着别人无法替代的本事。火候有了,舞台一定也会有,只不过,需要用心积累,耐心等待。

果然,不到半年,就有人开始找他主持、表演沙画。他也组建了团队,成立了公司,尽管小城市的工作节奏缓慢,但他也取得了一些不小的成绩。

更重要的是,他有了更多的时间陪伴孩子,和家人一起读书、旅行、摄影。

第三章　总要习惯一个人

松浦弥太郎先生说:"只要日子过得新鲜有趣,人就有仔细过生活的动力。"

在云南的这座安逸的小城,日日都新鲜有趣,这让山海先生更热爱生活,同时也更有向上成长的动力,他本色出演着一场又一场走心的人生好戏。

可见,只要从心出发,力量本自具足。

二

为了梦想,许多大学毕业生会选择去"北上广"等一线城市发展。

李特特就是其中的一员。大学毕业后,她去北京找工作,最初在一家广告公司从事文案工作,后因人事变动离职。离职后的她,并没有找到十分称心的工作,一度产生了自我怀疑,在各种选择中纠结摇摆:

要不要留在北京?要不要坚持写作梦?

人生的方向就在这样一念又一念之间改变着。

因为自我怀疑,她在外闯荡的信念在动摇,勇气在崩塌。

父母年迈了,妹妹还很小,她起了回到老家的念头。她想,不管怎样,身处老家的熟悉环境里,那种风雨飘摇的不安定感总会减少吧!

然而，回到老家后，她发现自己面对的仍是一个人的战场。

家里人并没有给她铺好后退的路，给她指出的唯一方向就是考公务员。

一个普通家庭的女孩，要在"十八线"城市稳定发展，考公务员似乎是她最好的选择。

于是，她开启了最艰难的一年。

"我几乎考了所有的岗位，省考、政法干警、高速公路管理局……只要是报考要求符合的，我都考了。"

那一年，她焦虑不安，晚上也睡不踏实，尤其是对前途的迷茫以及对父母的责任，更是让她不堪重负。

每天清晨不到五点就起床背书，晚上十点半上床睡觉，她过着半个月不出一次门的备考生活。周而复始，情绪因为压力太大而失控，她好几次都崩溃大哭。

尽管如此努力，但每一次考试都不尽如人意。

有一次，她知道自己没考上，便气急败坏地吼了安慰她的父母，随后夺门而出，边走边哭。

"那是我有史以来最落魄的一次了。我有一种崩溃的感觉。"

那是一段无比惨淡的日子，以至于后来很长一段时间，她每每睡着都会梦到考试。

那些大多数人认为更安逸的小城生活，对她来说，远比在大

第三章 总要习惯一个人

城市里漂泊更折磨人。

然而,哭泣没用,崩溃没用,绝望更没用。她想:"是不是我又得重新回到大城市的怀抱呢?"

她选择了回到大城市,结果证实:"相比小城市的逼仄,大城市的广阔让我活得更有安全感。"

闺密海霞的经历则与李特特完全相反。

起初,她在小城市生活,有房、有车、有孩子,也有安逸且待遇不错的工作。但她内心总有一种声音,呼唤着她去大城市闯荡。最终,她决定听从内心深处的声音,换一座城,去过另一种生活。

她千方百计地说服家人,卖房卖车,带着孩子千里迢迢奔赴广州,迅速开启了一种热火朝天的生活。

当时她的想法是:比起有房有车的生活,实现自己的价值更能让她内心充实。

然而,不到半年,大城市快节奏的生活就让她产生了严重的疲惫感与自我怀疑。

又苦熬了一年,最终她还是选择回到家乡,依旧从事以前的工作。

但这一次,她的心态不一样了,变得能安然享受小城市悠缓的生活了。

如果在一个局里死磕到底，也找不到幸福感，不如换一个选择，换一种活法，折腾一场。局大局小，那是外人的打量，于当事人而言，却能获得内心的丰盈。

三

对于婷子来说，当初留在北京，是一种没得选的选择。

研究生毕业时，婷子的9个同学中，有7个人选择了回老家发展，理由无非是"在北京买不起房""北京生活压力大""老家有父母帮衬"等。

但婷子没有退路，几年前她从老家考到省会读大学，又从省会奔赴北京，她知道自己早已没有回头路。

"我是从农村出来的，我不可能回去。我也没有更好的去处，我毫无退路可言。"

既然故乡回不去，那就给自己创造新的故乡。于是，她奋力抓住每一个机会，耐心地在这座城市慢慢扎根。

她就像是一株趴在地上的爬山虎，凭着韧劲努力向上，当内心生出了核心支架后，那些无序缠绕的枝枝蔓蔓紧密了起来，便有了向四面八方生长的力量，她也看到了这座城市广阔的风景，内心油然生出了安全感与力量。

费孝通在《乡土中国》里说："我们的格局不是一捆一捆扎

清楚的柴，而是好像把一块石头丢在水面上所发生的一圈圈推出去的波纹。每个人都是他社会影响所推出去的圈子的中心。被圈子的波纹所推及的就发生联系……从生育和婚姻所结成的网络，可以一直推出去包括无穷的人……这个网络像个蜘蛛的网……但是没有一个网所罩住的人是相同的。"

可见，圈层不是固化的状态，而是成长的一种动态。

人生没有终点，圈层也没有上限，懂得鞭策自己，也要懂得放过自己：

不得安宁的城市，不必强融。

不能安心的故乡，不必强回。

倦了，就换一种活法。

累了，就换一种姿态。

不要追求别人眼中的完美，给自己自由，用心去感受生活的美好。

心安时，才能从容，才能靠自己的力量和安全感坚定地站立。

学会照顾好自己的心，合理索取，该离开时离开，该归来时归来，来来往往，心安处才是故乡。

通透的姑娘，早已熬过迷茫期

一

那年夏天，古美人来北京出差，因她一直在东奔西走，走访客户，直到她准备离开北京时，我们才在高铁站一聚。

短短半小时的相聚，大部分时间都是我在抱怨，抱怨职场不公，抱怨运气不好。

彼时，她已是企业高管，内心深处白天有艳阳高照，晚上有皎月辉映，生活正有滋有味。而我，虽然找了与文字相关的工作，也算曲线圆梦，但内心却常有乌云，诚惶诚恐，迷茫不堪。

临别时，我们长久地拥抱，让我忽然想起高中某次考试失利，趴在她肩膀上放声大哭的情景，但就算想哭也哭不出来。

她轻拍着我的后背说："要好好爱自己，这是逐梦的资本。"

记得高二文理分科时，古美人毫不犹豫地选择了文科，她的

第三章　总要习惯一个人

目标非常坚定：某著名大学中文系。

而我，却在亲戚朋友们的分析和建议下完全迷失了方向。大人们觉得理科更有前途，而文科则不然。而我自己根本就没有明确的目标，我虽然热爱文学，但缺乏坚持梦想的勇气。

高考后，古美人去了北方某大学读中文系，而我则留在南方某座城市读了自己不喜欢的专业。

她总来信告诉我，她写了什么诗，发表了什么作品，认识了哪个作家。而我，却总告诉她，我又爬了哪座山，去了哪座城市，然后又谈了一场怎样无疾而终的恋爱。

古美人有段时间内心十分挣扎，因为家里让她转法律专业。她写信说："我内心十分迷茫，法律我当然是不爱的了，可是又觉察到自己其实并没有什么文学天赋。特别是与所谓的文学大咖及作家们打交道后，心里更是不想当什么作家了。我觉得我背叛了自己，背叛了过去，内心充满了痛苦，有被撕裂的感觉。"

我虽然极力安慰她，但内心却因为缺少觉醒而无法共情。

二

毕业后，我们有好长一段时间没怎么联系。

我只知道她进了一家互联网公司当网络编辑，总是加班，总是需要各种学习和充电。

当我还在职场里懵懵懂懂时,她告诉我她创业了,以营销合伙人的模式,和以前的领导一起创业。

从此,她开启了"空中飞人"的模式,她总在天上飞来飞去,到各个城市出差。我们偶尔在深夜聊天,她说她的规划和人生理念,我说我的踌躇和那失落的梦想。她总鼓励我去追梦。

真开始追梦,才发现一切并非易事,非常辛苦不说,那看不见的前景更是黑暗无边。

她说:"要暗透了,才能看见星光,熬着吧。"

我沮丧地说:"怎么熬?用身体还是用意志力熬?好迷茫!"

她说:"你还记得大学时我给你写的那封长信吗?那个时候我身处在黑暗里,那是一种昏天暗地的黑,我十分恐惧,内心撕裂,那时候真的担心自己熬不过去,就死在迷茫里了。

我有很长一段时间什么也不做,却发现内心更迷茫,更焦灼。于是,我决定做些什么。所以,我去找了兼职工作,在奶茶店打下手,又去服装店卖衣服,去销售公司做销售。后来,我去了那家互联网公司。其实,编辑工作我并没有做多久就转岗了,我做的是营销岗。因为我发现自己更爱和人打交道。

在整个过程中,迷茫、自我怀疑、自卑等情绪并没有完全离开过我。它如同影子一样始终跟着我,然而,我已经学会和它和平相处,学会透过它看见自己的内心,尝试探索自己的追求。

我从未停下探索的脚步,直到感觉一轮红日在我内心升起。我知道,我已熬过黑暗,天已放晴。"

三

如今,已经熬了五年的我,心里虽未有红日升起,却常有一轮明月相伴。偶尔还是会迷茫,还是会闹小情绪,但我已知怎样去同自己和解,知道怎样通过行动去"熬"。

而古美人呢,她赢得了爱情。不过,她并没有过上公主在城堡里的生活。她依然忙碌、奔波、学各种东西,不断折腾。她说生命在于折腾,折腾让她生机勃勃,让她的生命更加丰富多元。

有这么一个永远向上的闺密是我的幸运,她引领我,及时化解我的情绪,给我勇气,就像北极星照亮黑夜,那一道光芒足以让我熬到满月挥洒,熬到红日喷薄,乃至日月星辰齐辉映。

但并不是所有人都能有这样的好运气,遇到一个能开解自己的友人。所以,网络上总是充斥着认为活着没意思的论调

迷茫的时候,眼前只剩一抹黑,会觉得活着没意思。这其实是不会解决自己和内心之间的问题。

梁漱溟先生的三大问题,说得极有道理。

先要解决人和物之间的问题,接下来要解决人和人之间的问题,最后一定要解决人和自己内心之间的问题。

要处理好人和自己的内心世界之间的问题，可不是件容易的事。但下面几个建议或许对你有所帮助——

第一，真诚地面对自己，不回避，学会吐露真情。

真诚地面对自己，当迷茫出现时，要能识别自己的情绪，应该警醒，觉知到情绪。认知是控制的基础，认知后才能有意识地管理情绪。

高中有段时间，我过分孤僻，整日闷闷不乐，有压抑、想哭的感觉，现在回想，那就是抑郁症的症状。但当时，我自己并不自知。

觉知到自己的情绪后，要允许自己去完全地感知情绪，并吐露它们。吐露——对你信任的人表达痛苦的情绪——恰恰是释放情绪的一个关键。

第二，探索并建立自己的情绪处理模式。

情绪就是心魔，你不控制它，它便吞噬你。而一个能做大事，能成功的人，一定是一个能管控好自己情绪和行为的人。

拿破仑说过："能控制好自己情绪的人，比能拿下一座城池的将军更伟大。"

当觉知到自己的情绪，向人求助也是一种处理模式。除此之外，阅读心理类书籍，寻找咨询师，都是情绪处理的模式。

第三，以成功者为模板，积极探索人生目标。

第三章 总要习惯一个人

人之所以会觉得无聊,活着没意思,那是因为目标的缺失。目标缺失,人就容易迷茫。其实,迷茫是可以阶段性地摆脱的,正如人生是可以规划的。

行动力强的人做规划排除迷茫,行动力差的人却被迷茫拖累一生。比如古美人,她就是通过不断实践,不断折腾寻找目标。期间,她还观摩各类成功女人的成长之路,最终把贝嫂当作自己的人生目标,模仿她的穿着,模仿她的行为处事,模仿她的阶段目标,实施一段时间,再落实到自己的目标。

第四,最好的方法是——现在就去想,现在就去做。

与其在原地想破脑袋,想自己喜欢什么,能做什么,活着为了什么,还不如积极探索,奋力拼搏。再好的跑车,不跑起来,也是废铁。

只有历经汗水与泪水的冲刷,未来的雏形、活着的意义才会悄然出现在灯火阑珊处,而那压抑、悲观的情绪也会在不知不觉中烟消云散。

总之,宁愿在撞南墙的路上动起来,也不要在裹着"糖衣炮弹"的原地迷茫地等待。

切莫因为迷茫而瞻前顾后,荒废了时光。

▸第四章　原谅所有不美好

FOUR

认真生活的人,从来不会被辜负

一

晓丽的童年,伴着药香。

她自小体弱多病,一到冬天更是过着打针吃药无止境的日子。

练瑜伽,是她借以逃离病痛缠身的方法之一,但因为沉浸其中,练着练着,她实实在在地爱上了瑜伽。

毕业后,她在工作之余参加了瑜伽教练培训班。

同时报名的有四个人,第三天有人觉得太苦、太累,选择了退出。剩下的三人中,晓丽的身体柔韧性最差,学得也最痛苦。

一天练6个小时,每天拉筋拉到浑身酸痛。

熬到最后,她才依靠教学找回一点儿自信。她的身体机能不是最好的,但她的语言组织能力比较好,且对会员的关注也很到位,因而客户评价极好。

第四章 原谅所有不美好

那一年,她白天上班,晚上就到瑜伽馆担任兼职的瑜伽老师,她珍惜课堂上的每一分、每一秒,敬畏课堂上的每一个动作、每一个细节,呵护每一个学员、每一颗心灵。

做一行,爱一行,成就的是自己的人生。

一年下来,晓丽的身体状况得到了改善,气质也变好了,自信心也有了很大的提高。

这使她意识到,万物虽然皆有不足,但并不可怕,只要寻着光源走,就自有光透过来,进而改变困境,改变命运。

随着时间的推移和经验的累积,晓丽逐渐成了一名深受用户喜爱的瑜伽老师。

一年后,她辞职了,开始一心一意地做瑜伽馆的店长兼主教练。她的抉择逻辑是:既然有一件事,能让她变得更好,同时也能帮助别人变得更好,那当然要全心全意地去做好它。

"我们未必事事做得完美,但起码要做到无怨无悔。"

二

晓丽在瑜伽行业继续磨炼了四年。她那纯熟的专业技能以及待人真诚、细致、实在的品质,不但打动了用户,也打动了与她一起学习的同行。其中,有人想与她一起创业开瑜伽馆。

此时的她刚结婚,因老公在汕头工作,衡量再三,她选择放弃从事了多年的瑜伽老师职业，定居汕头。

起初，她仍想寻找瑜伽教练的工作，但经过一段时间的寻找与考察后，她发现汕头的瑜伽行业很不好。

她想，自己的育儿大事也提上了日程，不如先找一份孕期也能做的工作。

没想到，这一份临时找的培训师工作，她一做又是多年，从新员工一直做到行政总监。

一开始，她做得非常艰难。对于她来说，这毕竟是一个全新的领域，但她从未想过放弃。一年后，老板特意为她设立了行政总监的职位。

她自知肩上的担子重了很多：她需要负责公司人事、行政及对接工厂的生产计划，同时还需要组织筹备公司对外的各种会议。

活儿太多，那就埋头干，遇到困难再解决困难，遇到瓶颈就突破瓶颈。

她做事注重细节，追求完美，为了呈现最好的效果，常常一遍遍地打磨项目。

从一知半解的职场小白，到独当一面的职场精英，这份职业成就了她在新领域的飞跃。

一个人的当下，是她全部过往的积累。现在的晓丽自信、健康、善良,身边有她爱的人,做着自己喜欢做的事,是真正的"姿态刚刚好"。

于晓丽而言,命运哪怕给她一张皱巴巴的白纸,她也能够交付一份绚丽的人生答卷。

对于现状,她总是正面面对,用精力去缩短"不懂"到"懂"的距离,用实力去创造"做一行,成一行"的战绩。

三

45岁的金在开宠物医院之前,是一名广告业务员。

她的主要工作职责是维护老客户、拓展新客户,她做得很好。但她并不止步于此。

电脑兴起时,她马上就去报班学习相关技能,她去学广告的运营与设计,去学习印刷排版的流程……她身上有一股虎劲儿,能够不断地"开疆拓土",借用一切资源,调动一切力量做成想做的事。所以她的业绩一直很好,也深受领导与客户的喜爱。令人惊诧的是,她因为对小动物的热爱,萌生了开宠物医院的念头,继而放弃了正蒸蒸日上的广告业务员工作。

一个人若没有立身之本,是不可能混出名堂的。为了锻造自己在宠物医院方面的立身之本,她去读了动物医学专业,接着又去考执业兽医师资格证。

那是一路风雨，一路拼搏的岁月——她抱着晦涩难懂的《有机化学》整整"啃"了一年。因记忆力不好，她只能一遍一遍地翻书，一页一页地抄书做笔记，最后把书翻成了两倍厚，用完了数不清的笔和本。

临考前，为了再次巩固知识点，她喝了两个月的咖啡。白天诸事缠身，常常需要熬夜看书，但实在太困了，为了让自己清醒，她不时地念叨："不能睡啊，不能睡……"

为了背诵教材，她每天晚上都会熬夜到两三点。有时候坐着睡着了，常因此而摔倒在地，摔倒后醒过来马上喝咖啡继续再背。

最终，她以超过中国农业大学录取分数线三十多分的成绩被录取了，接着又考到了执业兽医师资格证。

学习，学习，再学习！这一切都是为了进一步提升专业技能、为了更好地经营宠物医院——宠物医院在她的经营下，已走过了15年的风风雨雨，而她自己也因为专业能力突出得到了同行认可。

从广告业务员到拥有15年历史的宠物医院创始人，金成功的秘籍是：干一行，就全情投入去爱一行；认准一行，就千方百计去雕琢一行。

无论是晓丽，还是金，她们鲜花着锦的人生并不是一开始就拥有的，而是她们在做任何事时全力以赴，在遇到任何困难时力挽狂澜的积累。

如果我们对自己的当下不满，请试着去做成一件事。大事、小事皆可，用成就感去开启新的生活。

原来，小成就点燃行动之火，持续行动则创造闪耀的大成就。做一事，成一事的人，大抵都是如此吧。

有一种修养，叫遇事不指责

一

送女儿朵朵去学画画，因提前半个小时到了机构，我便坐在休息区等候。

几乎同时，一个男人带着一个哭哭啼啼的男孩走了进来。

那个男人手里拎了一盒饭，边走边骂："大老远给你送饭，你为什么不吃？饿死你算了。"

男孩答："就是不吃！一点儿也不好吃，我就不吃。"

男人开始逼迫男孩："你吃还是不吃，吃不吃？"

男孩倔强地说："就是不吃，就不吃！"

男人几乎崩溃，对男孩骂骂咧咧，拳头挥了又挥，脚也往上提了又提。不知道是不是因为休息区人多，他还是忍住了，没有让拳脚落在男孩身上。

第四章 原谅所有不美好

男孩不以为意，男人只好无奈地拎着饭盒走了，在场的人唏嘘不已。

有人嘟囔着说："这不刚有虐童事件上了新闻，这男人是不是也有虐童倾向呀？"

有人问男孩："你爸爸经常打你吗？你别怕，如果他经常打你，你可以打110报警的。"

有人说："对呀，对呀，你可以报警。这是什么家长，怎么可以这么没耐心。"

有人升级问题："这孩子真可怜，怎么会摊上一个这样的爸爸，这事得管管。"

我也不自觉地在心里感慨："借孩子撒气，这人真可恶。这是在外受了气吧，要不怎么对孩子如此没有耐心？"

大家你一言，我一语，最后还是老师出面终止了这一场"审讯"。

"大家别乱猜啦，孩子还在这儿呢！这是一个单身父亲，也不容易。"

"单身父亲也不能打孩子啊！得教孩子学会保护自己。"有人大声反驳。

"刚才也没有真打，不是吗？我相信他以后也不会打的，他平日里特别温和，对孩子很好。只不过孩子的奶奶不久前去世了,他既当爹又当妈,又得上班,难免焦虑不堪。

刚刚孩子爸打电话说,他是觉得孩子总吃快餐不好,所以放下工作抽空儿回家做了饭,又转了两趟地铁来给孩子送饭的。送完饭,他还得赶回公司继续加班呢!"

这么一听,大家沉默了不少。

当代社会人人忙碌,一人挣钱养家又照顾孩子,的确是够焦头烂额的。男人放下工作,奔波回家给孩子做饭,又给孩子送饭,孩子却不领情,这事搁哪个父母身上,应该都挺崩溃的吧?

但依然有家长坚持自己的见解:"我看他刚才真挺失控的,说不定还真有虐童倾向。孩子,平时你爸爸打你吗?"

男孩愣了一下,摇摇头说:"以前奶奶经常打我,爸爸老护着我,但现在奶奶不在了,爸爸总是凶我。"

"真没打过?你别怕,叔叔替你撑腰。"

男孩摇摇头就跑去和其他的小朋友玩了,不一会儿就听到了他的笑声。看得出这是一个心理健康的孩子,他很自然地融入了小朋友中。

这时,那男人突然气喘吁吁地出现在门口,手里拎着麦当劳,对男孩说:"这是……这是最后一次了,以后不可以吃垃圾食品,就得好好吃饭,听见没有?"

我望着匆匆离开的男人,吃薯条的小男孩,以及一屋子面面

第四章 原谅所有不美好

相觑的家长，陷入沉思：

刚才如果男孩撒谎，哪怕是有半点犹豫，或者男人没有回头送餐，这个男人是不是就得遭遇丹麦电影《狩猎》男主角式的围攻？而我也成为这一群"恶的裁决人"之一。

将正义变成偏见的枪口，将道德的制高点变成猎杀真相的猎场——曾经我以为只有电影里才有的情景，却不曾想它就活生生地在我周围潜伏着，且存在于每一天的日常里。

多么可怕！

二

为了解决孩子的读书问题，灿灿决定在深圳买一栋二手房。

为了凑齐首付，她忍痛卖掉了老家的房子，但没想到贷款时，银行流水不够。中介建议她找在深圳有房且有深圳户口的人做贷款担保。

灿灿思来想去后，给最好的闺密打了个电话。

但闺密拒绝了她，理由是孩子再大点儿，自己肯定会换房，所以不能帮她担保。

灿灿又打电话给朋友A，A没有马上拒绝，说是考虑考虑，第二天A说："我倒是没问题，但是房子首付公婆也出了一半钱，他们不同意。"

遭到拒绝的灿灿唉声叹气,倒是先生想得通,他说:"每个人都有自己的难处,我们应该理解,而不是陷入受害者的悲哀里。没有人有义务帮我们,帮是情分,不帮也合情合理,别乱指责。"

灿灿口头上说理解,但内心还是有些不舒服,觉得自己最好的两个朋友在关键时刻都不肯出手相助,并没有真心待她。在日后的相处中,灿灿对她们逐渐冷淡了。

她所不知道的是,闺密为了说服先生给她担保和先生吵了一架,朋友A则和公婆闹了一个月别扭。

三

我曾经在火车站送别过一对情侣。

朋友Y先生带着他那相处多年的女朋友回老家过年。年后,好朋友们为他们送行。

到了火车站,取到票的Y先生却傻眼了,票买错了:从岳阳到广州的火车票,却成了从广州到岳阳。

正值"春运"高峰期,再买票几乎不太可能。上班在即,他很着急,大家都积极地帮忙想办法。

突然,他身边那个文静的姑娘大发雷霆,在公共场合声嘶力竭地讨伐他,指责他耽误了她的行程。

Y先生面红耳赤,反复道歉,再三要求她小声点儿,自己一

第四章 原谅所有不美好

定会想办法让她今天就回到广州。

姑娘却越说越激动，甚至上升到地域歧视，以及人身攻击。

"订票都会订错，你还能做成什么事？我反复问你票没问题吧，你都说没问题，你压根儿就没看吧？真是被你蠢哭了。你为什么总是做这样的蠢事？"

姑娘骂骂咧咧，送行的一个朋友脸色越来越难看，原来票是他帮Y先生抢的。

每年春节，一票难求！为了抢到返程票，Y先生让我们都帮忙，最后是这个朋友帮他抢到的票。

姑娘浑然无知，依然不分青红皂白地指责男友，把所有的不满与焦虑都发泄在男友身上。

Y先生作为"背锅侠"，那一日被骂得在朋友面前抬不起头。

一年后，Y先生和那姑娘分手了。

朋友说："我早知道你们走不到一起，那姑娘得理不饶人的样子，实在是太可恶了，一点儿修养也没有。"

四

因为先生的工作关系，子若带着两个孩子跟着先生在埃及的开罗生活。

人生地不熟，语言也不通。真要长久生活在这里，对她、对孩子、对老人都是很大的挑战。

他们住在开罗老城区,每栋楼都有一个管理员,负责楼层清洁、安全、停车管理、擦车、提包等各种杂事。

子若这栋楼的管理员叫阿罕默德,他和他的家人一起住在地下一层,和车库相邻。

这个开罗人非常友好,子若平日里有扛不动的东西,他都会主动帮忙。有时候孩子生病,他也会主动充当司机帮忙送到医院。

出于对他的信任,子若有活儿都愿意叫他,并付给他报酬。比如,家里厕所堵了,冰箱坏了,都会叫他来处理。

子若最后一次请他帮忙是搬家——因孩子上学需要搬离这个片区。但是后来整理时,子若却发现少了几袋东西。

先生猜测,会不会是阿罕默德拿走了?他问子若:"如果去到阿罕默德家,发现丢失的东西就在他们家,你会不会很生气?"

最后一次帮忙,谁也没想到会出这种差错,虽然不是什么贵重物品,却也给生活带来了不便。

但子若是善良清明之人,她想了想说:"我已经给那些丢失的东西送上了祝福,得到它们的人可以愉快地享用。"

第二日一大早,有人敲门,是阿罕默德。

原来,昨天因一车装不下,阿罕默德就随手拿掉了几袋物品。本想着多跑一趟，后因家中孩子忽然闹肚子，他着急送孩子上医院，一直到很晚才回家。

他不好意思深夜打扰子若及家人，只好一大早来送。放下东西，他说要去医院看住院的孩子。

阿罕默德走后，子若用手指敲了敲先生的头，笑了。

五

管中窥豹，小事中可窥见大人生。

遇到事情，暂停争辩谁是谁非，先静观，避免走入情绪旋涡。事情既然已经发生，所有的指责、埋怨、苛责与怀疑不但没用，而且有可能火上浇油，将事情推向更大的困境。

所谓修养，是指遇事先悄悄撤出战场，不急于寻找"背锅侠"，放一放，放下猜测与偏见，让时间告诉你答案。

遇事激动，把身边人都看成罪犯，那被罪犯包围着的自己，真就那么清白无辜吗？

遭遇困境意难平，把身边人都看成笨蛋，那被笨蛋包围着的自己，真就那么聪明伶俐吗？

带着情绪说出的话，做出的行为，于人于己都无益处。

不如遇事静一静，让人性飞一飞，事情往往会自动被厘清。

岁月静好是个陷阱

一

某天，笑言正在填一份简历，获奖栏很快就填不下了。

她有些小小的感动和满足，又有点儿莫名的惆怅。

十年了，毕业十年，结婚十年，幻想和清醒挣扎搏斗的十年。

遥想十年前初来这个海滨小城，怀揣着不切实际的田园梦想，放弃功名利禄的追求，放弃自我成长，追随着他，以为这就是童话里的结局，"从此王子和公主过上了幸福的生活"。

然而，并不是。她的这种退让其实只是一种生活的致幻剂，现实还是浩浩荡荡地来了：

数年如一梦，醒来后，身边的女性朋友貌美如花，而自己肥胖臃肿。别人在事业上一步一个台阶，而自己在嗤笑过后不免顾影自怜。

第四章 原谅所有不美好

想写点儿东西，关照自己的老师看完之后，却长叹一声，"你不该只是这样的水平"。

……

尤其是，自己一直仰望的老公，也不再如当初那样，把目光一直放在自己身上。

她清晰地记得，那是一个雨天，大家一起下车后，老公自然而然地把雨伞撑在了别人头上，他们相伴着大步向前，留她一个人呆立在雨中……

雨水淋湿了她，更刺中了她的麻木和自欺欺人。

她把自己活成了一团空气，当然，所有人也把她当成了空气。

心性再悠缓淡然，在面对爱人对自己的忽视时，她的心情再也无法平静。她有了情绪，有了怨气，再隐世消极，她也无法回避自己的自尊。

那个坚固的自我开始动摇瓦解，她甚至开始相信，自己未经过辛苦打拼与奋斗，没有尽情折腾过就选择"处江湖之远"，那些过往的平静和从容都是假象。

她更是了悟，没有人可以一下子就触底人生，不经世事就远离江湖，可惜，20多岁时的她，并没有意识到这一点。

冰心曾经这样说徐志摩："上天生一个天才，真是万难，而聪明人自己的糟蹋，看了使我心痛。"

这句话准确地概括了身边人对于笑言的降维选择的感受。

从小,笑言就是学霸。

别人吭哧吭哧地做的事,在她这儿全成了轻描淡写。

她以省级优秀毕业生的荣誉从大学毕业,又在"闲来无事"的状态里考上了中国数一数二的传媒大学。

这些让别的家长羡慕或嫉妒的事情,在她看来全都不是什么了不起的大事,她将其归结于自己运气好。

本来,有老天爷赏饭吃的才华,又有适当的运气,如果再添一些野心,她定能有所建树。但她骨子里缺少对未来的野心勃勃,她并不想奋勇拼搏。她坚定地放下别人可望而不可即的"天赋",把清心寡欲与淡泊名利视为无上荣光。

彼时,刚脱下水晶鞋步入婚姻生活的笑言,并不曾深尝柴米油盐的不易,她如痴顽的孩童飘浮在空中楼阁,放下大城市的工作,转而过起了她慢悠悠的小城生活。

法国作家让·德·拉·封丹曾发出感叹:"一个人常常会在他逃离命运的路上遇见命运。"

十年后的今天,笑言的心再也无法淡然安放。

有人的地方就有江湖,小城市盘根错节的裙带关系、人事纠葛,大江湖里的社会关系,家庭小江湖里的夫妻关系、亲子关系,都让她觉得难以处置。这时,她才领悟到老树在演讲里提到

第四章　原谅所有不美好

的一句话：非大有不可以大无。

她才想起自己也曾踌躇满志，也曾心怀梦想，是什么让自己的人生失去了焦点？说到底还是岁月静好。年轻时，心还未能做到岁月静好，人已在岁月静好里。

现实的厚重压迫得笑言喘不过气，本以为的安然闲散，变为沉甸甸的桎梏，重新建构自我价值是笑言再也无法规避的课题。

二

45岁那年，方方姐辞去工作，义无反顾地脱下了职场的"战袍"，过起了读书、写作、跳舞、研究美食的生活。

人到中年，活得纯净且十分有光彩的方方姐，让周遭的人羡慕不已。

她爱穿旗袍，写得一手好文，跳舞时俨然少女。一时间许多年轻姑娘将她视为偶像与榜样，姑娘们也希望自己能过上这般充满诗情画意的生活。

但她并不认为自己目前的生活就算得上岁月静好，只不过是在多年奋战后寻回平衡、饱满的生命状态的过渡过程，她借着余秀华的话在微信朋友圈表达了自己的心声："榜样总是有一些诗情画意的感觉，而生活是实实在在的水深火热。"

的确如此，她当下的从容，离不开年轻时水深火热的摸爬滚打，以及持续不断的磨难与储备。

命运对她并不慷慨，高考失利，没有考上大学，想要读大学却无"门"。

她只好去了一家国营单位做临时工。

在别人看来，这工作是极好的，每天按部就班，如果能够转正，就有不错的收入，还有分配房子的名额。

但她不喜欢这份缺少挑战的"差事"，她想读大学，她想去大城市见大世面。于是，业余所有时间，她都去图书馆看书，什么书都看，连杂志都不放过。

一天，她在一本杂志上看到了华东师范大学中文系某老师的联系方式，她写信给老师，问他是否可以收进修生？

老师的回信是否定的，她未能如愿以偿。但她没有泄气，依然坚持读书学习。同时，在工作上她也积极折腾——她辞了职，通过正式招工进了家乡一家颇有名气的饭店做客房服务员。

在20世纪90年代，饭店服务员的口碑并不好，但她依然选择辞去天天波澜不惊的稳定工作，成了被别人用有色眼镜看待的"服务员"。

白天的工作强度非常大，一站就是一整天，腿常常是肿的。她对自己的要求极高，做什么都全力以赴，要求自己必须在所在的领域生根开花。她的这种精神让她深受客人喜欢，领导自然也赞赏她，她月月被评为"最佳员工"，甚至数次代表饭店员工在商业局系统里发表讲话，代表商业局去市里领奖。

这样的出色表现，让方方姐第二年就越级当上了主管，拿到了不错的收入。

工作再忙再累，她晚上仍然坚持去上夜校，从未中断过学习。因为崇拜杨澜，她选择了读新闻专业。

一个人对时间的用法，往往决定了她生命活法的可能性。

因为读书看报的习惯，她再次捕捉到了有关求学的信息，并向夜校老师打听，确定复旦大学有进修生培训班，但是学费很贵。

得到肯定的回答以后，她开始计划辞职求学的事宜。几乎是困难重重，她需要筹钱，父母又因她的姐姐过世而不舍她离开身边，千方百计地反对。

她内心也纠结："姐姐因车祸离世后母亲生不如死，我自然成了父母的精神寄托。这时候离开，不是要逼疯母亲吗？"

邻居、亲戚都指责她，认为一个姑娘不嫁人，放着好好的工作不干，安稳的日子也不过了，非要去陌生的城市折腾，简直让人想不明白。

在《奇葩说》节目里，马东曾说，"在人生的大尺度上，没有浪费这个概念"。

也持此理念的方方姐并没有妥协，而是向母亲表达自己去意已决的坚定："机会难得，我的人生还有下半场要过。去大学读书，这将是我人生至关重要的转折点，我不想也不能放弃。"

最终，她还是告别父母，去复旦大学读了她心仪的日语专业。毕业后，她的人生显而易见地被改写了——她从事了自己喜欢的日语翻译工作，她选择了自己理想中的伴侣，她过上了自己早年想要的生活。

再回首，无论是当年心之所及的自我、爱，还是美丽，都早已在她眼前，但对她来说，这一条永恒的寻得自我、寻得爱、寻得美丽之路，值得一次次为之策马前行。

她说："年轻时奋斗过，往后才会有资本选择自己想做的事，选择有意义的事，而不是人到中年，还得被迫谋生。"

三

萨冈曾写过一段话："所有漂泊的人生都梦想着平静、童年、杜鹃花，正如所有平静的人生都幻想伏特加、乐队和醉生梦死。"

留在"北上广"租房挤车，继续漂泊奋斗，还是回到家乡住大房子，享受岁月静好，几乎是一年一度被大家讨论的话题。

最近，身边的朋友，有人离开北京，回到了家乡；有人辞了家乡的"铁饭碗"，去到上海；也有人卖了家乡的房、车，带着一家人到深圳生活。

在哪里生活？怎样生活？这是个人价值体系的延伸，毕竟每个人都有自己的生命课题。人生中那些大大小小的抉择，无不在诠释这个课题，但我们需要永远记住：

真正的岁月静好是知世故而不世故，经世事而心有所定。

岁月静好值得留恋，动荡后的静好更值得珍惜。

人生需要留白

一

麦子是一名深受学生欢迎的英语老师。

学校有"去英国做交流教师"项目,当外语组的其他老师犹豫退缩时,她自荐前往。

其实,同事的顾虑她也有。大家的年龄都集中在30岁到40岁之间,家庭负担比较重,孩子小需要照顾,在英国待的时间也有点儿长。

更关键的是,去过的同事都告诉她,这项目辛苦且无趣。

一是环境非常艰苦。所在的学校离大城市比较远,项目方只负责联系学校和安排寄宿家庭,其他工作和生活的细节需要自己去沟通。

二是无趣。除了上班就只能窝在家里,没有朋友,没有社

第四章 原谅所有不美好

交,日子单调,索然无趣,还忍受着对家人的思念。

麦子却毅然决然地提出申请。她想让自己那一成不变的生活有所改变,想从上班围着孩子转、下班依旧围着孩子转的状态里解放出来,给自己一个放空自我的机会。

安排好一家老小后,麦子决定潇洒走一回。

交流工作的任务并不多,有许多空闲时间。她就租了车,独自在英国公路上驰骋,参观各个城市的博物馆和美术馆。

她和寄宿家庭的成员一起去健身运动,在教室的墙壁上作画,传授中国文化。

她主动去挑战没有做过的事,去吃没有吃过的食物。

在英国交流的4个月,麦子去了多个城市游览观光,比大部分英国人都走得多,走得远……

前同事眼里无聊、煎熬的英国交流生活,却被她过得激情四射。

当有同事问她如何做到时,她说:"懂得给生活留白,随时出发。"

一直以来,麦子老师都是如此做的。

2016年高考刚刚结束,当别的同事还沉浸在高考备考的疲劳状态时,她已经在法国观看激情欧洲杯足球比赛了。

某个周五的下午,当办公室的同事聊到樱花盛开时,她突然有去武汉大学看樱花的冲动，于是果断地买了当晚的机票，利用周末欣赏了美丽的樱花大道。

这些年利用周末时间，她跑了20多个线上10公里比赛，参加了杭州千岛湖马拉松的线下10公里跑；她学了彩铅画，后来又开始画油画；她通过魔鬼训练成为一名瑜伽老师，每天免费带着同事们做瑜伽。

大家羡慕她的精彩生活，感慨自己做不到。

"生活那么累了，哪里还有那么多精力？"

她的同事希望退休后能和麦子"混"，因为麦子会带给他们不一样的晚年生活。

其实真正牵绊自己体验更多可能性的原因不是忙，不是没有时间，而是不懂得给生活留白，是对生活的懒惰。

行所当行，止所当止。

现实生活里，我们总是在忙，忙于工作，忙于带娃，忙于挣钱。无暇顾及自己的心，无法前行。而在麦子看来：只要自己足够想要，就能成行。

寄生命于天地间，在岁月的长河里，我们会拥有很多快乐，且都唾手可得。前提是我们的心不要与这世界相隔千山万水，而是懂得留白，让时光驻足得久一些，让美好长久一些，让我们的世界因多看一眼而流光溢彩。

第四章 原谅所有不美好

二

初春的一个周末,在云南丽江某镇,莎小陌的书吧里不时传出古琴声。

推开门看,有人在弹古琴,有人在画画,有人在看书。

莎小陌则在摆弄花草,这个温婉动人的女子,满脸洋溢着幸福的笑容。

而几个月前,为了开这家书吧,她还在极力游说先生和婆婆。她想收回家里一楼的铺面,并将其改造成书吧。

先生倒是愿意支持她,婆婆却不愿意。

"铺面一年光收租金就好几万。现在收回,不就白白浪费了好几万?"

但对于小陌来说,拥有一间自己的书吧,就是最大的精神享受。

她在银行工作,家里有两个孩子。生活已经非常忙碌了,实在需要一个心灵的好去处。

先生倒是懂她,替她去说服了自己的母亲。

于是俩人在工作的间隙,一点一滴地装修着这间书吧。书吧的一草一木,一书一画,都是夫妻俩亲手挑选、搬运和摆放的。

梁实秋说:"我有一几一椅一榻,酣睡写读,均已有着,我亦不复他求。"

对小陌而言，亦是如此。

她的生命里，必须有爱，有书，有留白，这是她的精神追求。

在互联网时代，在这一方宁静和安稳的空间，她那快节奏的生活终于被放缓了。

生活在一朝一夕间，而余味在这书吧里变得悠长。

在书吧的日子，就是生活的留白，让莎小陌有了凝视生活的空间，让她有了漫游于精神领域的四方天地。

是的，在书吧，她似乎随时随地都能感受到幸福。

翻阅书籍，读到一句美丽的句子，看到一个有趣的故事，好幸福。

品红酒、吃蛋糕，体会到味蕾的跳跃，好幸福。

举办沙龙，认识有趣的灵魂，好幸福。

幸福，忽然变成了一件十分简单的事。

三

下午六点到七点，从办公室走出来的男人女人们，尽管着装整齐，妆容精致，但步履拖沓，身体疲倦，脸上还不时浮现愁容。

木兰站在这样的人流里等公交，她的素简静洁、不疾不徐、笃定以待，让她脸上有一种清逸出尘的光辉。

第四章 原谅所有不美好

诗人荷尔德林说:"人充满劳绩,但还诗意地栖居在这片大地上。"

诗人的这句话恰巧表明了木兰的特质,都市生活节奏再快,工作再繁忙,公交再拥挤,她也能悠悠然地在生活的细枝末节里找到让自己快乐的闪光点。

几年前,她辞职了。

在此之前,每天超负荷的工作,让她陷入高压、无序、紧绷的状态。

辞职后的她,除了照顾先生和孩子的日常起居,还学会了摄影,并时常参加一家喜欢的服装品牌的线下活动。

从2016年初至2017年下半年,她坚持为这个品牌撰写活动文案,一个月有时写两篇,有时写三四篇。长达一年半的时间里,她都在免费做这件事。

除此之外,她的相机也派上用场了。每一次线下活动,拍照写文都由她完成。

有时候为了赶时间,木兰会派遣先生充当司机送她和孩子参加活动。

不仅没有报酬,她还自己投入资源,在旁人看来,她在做一件徒有情怀的傻事。

但她毫不计较,她说:"我喜欢做这件事,这是我给生活留白的方式,且它为我赋能,让我整个人都有绽放的感觉。"

她的文字与照片被很多人看到,影响力大了,便有人愿意为她的文字买单,有机构愿意为她的摄影作品买单。

她在这一年半里享受着种种体验,感觉自己原本枯萎的生命正在绽放,自己活在一场又一场的感官盛宴里。

现在,木兰是一名自由职业者,做着自己喜欢的工作,心明眼亮,淡定平和,她的人生进入了另一个深远的境界。

四

在作家剽悍一只猫举办的极致践行者大会上,嘉宾熊猫老师站在台上,开口就说:"我的超能力是'傻白甜'。"

台下笑声阵阵。因为这个高大威猛的汉子,和偶像剧里温柔可爱、思维简单的"傻白甜"的女主形象相差太远。

接着往下听,听众才恍然大悟:

"傻,才能给别人机会为你赋能。"

"留白,才能让他人有展示能力的机会。不要总想显示自己,舍得留白,是更大的智慧。"

"当做到了'傻'和'白',甜就是一个自然而然的结果。"

细细想来,非常有道理。

世人愿意给弱者雪中送炭,却不太愿意给强者锦上添花。

不是对强者有偏见,而是强者太过聪明能干。让人只见其光辉,不见困境,无处发力,爱莫能助。

而生活中真正的强者,是懂得示弱与通融的,他们深谙"留白艺术"——

于己宽容,不偏执,身心放松舒适,大脑才能迅速"在线",喜悦常在。

于人宽松,不过分较真儿,处处留有余地,贵人才能徐徐而来,机遇常来。

出发前,先知道目的地在哪儿

一

"不加思考的热情就像是一条随波逐流的船。"

詹姆斯·乔伊斯的这句话似乎是为林小姐写的。

这不,林小姐这条船又漂回北京了。

去年林小姐辞去设计师助理的岗位,远走上海跟朋友学习烘焙。

那时候,她信誓旦旦地说:"我最爱烤面包的香味,我要终身做一位面包师,收获《幸福面包》式的爱情。"

结果,才半年多,她就改变想法了。

她说她非常羡慕朋友慕小姐的生活方式。

慕小姐的工作是插花师及培训师,整日和花打交道。

"你看她的朋友圈都充满花香的味道,连灵魂都染上花香了。

瞬间就虏获了我，让我成了她的'铁粉'。我要跟她学，以后也当一名插花师，或者开一家花店。"

于是，她决定舍弃面包师的梦想，改学插花。

姑且不谈插花师和开花店是两回事，就凭她这"三天打鱼，两天晒网"的行为表现，我断定她此行又是心血来潮。

她看大家都怀疑她，便说："这次是真的定了。我犹豫很久了，我喜欢空间设计，喜欢烘焙，喜欢插花，但三者让我选，我选插花。"

大半年又过去了，她再次空手而归。

林小姐的经历让我想起一个寓言故事。

有个老人在河边钓鱼，一个小孩儿走过去看他钓鱼。

老人技巧纯熟，没多久就钓了满篓的鱼。老人见小孩儿很可爱，要把整篓的鱼送给他。没想到，小孩儿摇摇头，没有接受。老人诧异地问："你为什么不要呀？"

小孩儿回答："我想要你手中的钓竿。"

老人问："你要钓竿做什么？"

小孩儿说："这篓鱼没多久就吃完了，要是我有钓竿，就可以自己钓，一辈子也吃不完。"

林小姐就如这小孩儿，乍一看像是个聪明的孩子，然而，细细思量，他要的只是钓竿，而不是钓鱼的经验和技巧。林小姐的拜师学艺也是一样，只注重仪式，没有深入地学习。

不懂钓鱼的技巧，光有鱼竿，小孩儿可能一条鱼也钓不到。

不懂烘焙插花的实际操作技能，光拜师，林小姐永远也成不了一名优秀的面包师或插花师。

二

有人说："无论做什么，只要一门心思地尽力，总会得到应有的报酬，社会是公平的，一分努力，一分耕耘。"我非常认同这句话。

二十几岁，是最容易迷茫的时期。

看甲做外贸做得如鱼得水，月薪数万元，我们也想成为一名外贸专员。

看乙做公众号"诗意和苟且"兼得，月收入十万元，我们也迫不及待地开了公众号。

看丙优雅地转身做了一名心理咨询师，我们也去学心理学，去考证。

……

我们总是在羡慕别人，一会儿这样一会儿那样，一天下来想法万千。

然而，临渊羡鱼不如退而结网。

第四章 原谅所有不美好

结网,才是将梦想落实到脚下的关键。

有想法,当然是好事,但也需要锚定了,再去使劲儿。

倘若锚不定,顺着绳子使劲而行半载,结果抛锚了,一切只能重头再来。

这是瞎折腾!

三

有人说,不去试错,怎么知道自己最想要什么?

话是没错,但试错也有方法可循,而不是一味地盲目闹腾。

苏小姐是某公司的设计总监。你们猜,她大学读的专业是什么?

动物医学。

是的,是传统上被称为"兽医"的工作。

她有两个梦想,一个是成为一名优秀的设计师,一个是拥有一家自己的宠物医院。

所以,她大学主动选了动物医学这个专业,而且专业课的成绩也是班上最优秀的。

除了专业学习,业余时间她全花在平面设计上了。

她自学了所有设计工具的使用技术,起初只是为了给她拍的那些宠物照片修图,做好看的相册。

后来,她发现自己有点儿痴迷这项工作,但又不是很肯定。

毕竟,自己喜欢小动物,也学了四年动物医学专业,猛然抛弃所学所爱,实在是太鲁莽了。

她决定毕业后先去找一份平面设计师的工作,看看自己能坚持多久。

在应聘平面设计师时,她被不少面试官刁难和嘲笑。大家不相信一个兽医专业的女生,能做出什么像样的设计作品。但她并没有气馁,而是给了自己一个"间隔年"的时间学习平面设计。

学习的同时,她还去宠物医院兼任医生助理。因为她想看看,在天平的两端,到底哪个更重一些。

结果她发现,在宠物医院工作时,她不是很开心,因为她总是惦记着她的设计作品。

这样的状态维持了两个月之后,她果断辞职,全心全意地投入平面设计的学习中。

那一年,她的学习达到了痴狂状态,她翻看了国内外所有优秀的设计作品,在线上学习各种设计课程,向专业设计人士请教……

一年后,她还没有主动去找工作,工作竟然自动找上门了。介绍者正是她线下拜访的老师。

此后,她便进入了设计行业,而且做得十分出色。

四

人生在世,总能找到养活自己的生计。关键是,你要先明确自己爱什么,这辈子想仰仗什么而活。

漫画家蔡志忠说:"厉害的人,都会把事情想明白,这辈子要靠什么活?"

15岁时,蔡志忠立志成为一名漫画家。

这个立志是毅然决然的,是愿意用青春去折腾,用时间去浇灌的。

什么叫毅然决然?那就是——专注于一件事,数个小时不离开座位;沉迷于一件事,数天不出门。

这才叫喜欢的生计。

这才是仰仗而活的"刷子"。

五

几米出名之前,是每天工作8小时的上班族中的一员。身体出现病症后,他幡然醒悟——养活自己的生计,居然不是自己最爱的那把"刷子",太遗憾了。于是,他果断辞职,做自己爱做的事,转型成了职业漫画家。

人生就是如此,每个人都有自己的优势。孔雀有孔雀的绚丽,斑马有斑马的速度;你擅长理财,她擅长演讲;你会写作,他英语很棒。坐拥泰山时,又何必羡慕华山的巍峨呢?

说到底就是一句话:"出发前,先弄清楚自己成长的目的地。"

我们开车上高速公路,是知道自己要去哪里的。而人生这么长的旅程,99%的人却不知道他们的目的地是哪里。厉害的人很早就非常确定他们的目的地,然后一心朝向那个地方走。

虽然人生有时候难免骑驴觅驴,但是如果你频繁切换赛道,终究会因为迷失而找不准赛道。所以,出发前还是多想想目的地在哪儿吧。

和舒服的人在一起，就是养生

一

"我叫天真，天真的天，天真的真。"

认识天真，是因为社群采访。虽然只是微信聊天，但能感受到这姑娘让人舒服。

后来"线下"见了一面，更是一见如故，深感："斯人若彩虹，遇见方知有。"

喜欢天真的人有很多，她就像是一块磁石，大家情不自禁地想和她在一起，想把全世界最好的礼物给她，有好东西总忍不住想和她分享。

有人忍不住问她："天真，为什么大家都喜欢你，想和你在一起呢？"

"因为和舒服的人在一起，就是养生啊。"

我深以为然。

天真爱买花，也爱逛菜市场。

她带着一束花去逛菜市场是常有的事。

她固定在那几家买菜，有一家是夫妻店，常常会聊上几句。

老板娘称赞："哎，又买花啦？这么大的一束花，真好看！"

老板看了一眼老板娘，问天真："多少钱？"

天真笑道："你是不是想给老婆买一束？"

老板有些害羞地点点头："嗯。"

天真当即取出一朵含苞待放的红玫瑰，递过去说："送给你。"

"哪能呀？"

"当然能呀！赠人玫瑰，手有余香。你赶紧送给老板娘吧。"

天真对我说，她喜欢在这几家买菜，因为他们不仅价格公道，而且过得欢乐。每次见到他们时，他们都是乐呵呵的，哪怕刮风下雨，他们的心情都不会受到影响。那份发自内心的快乐是装不出来的，是那么的真诚和自在。"

其实，她所不知道的是，正是她自己散发出来的欢喜感染了别人。

是呀，这样一个乐滋滋的天真，有谁不愿意靠近呢？

那些摊主也喜欢她，总会偷偷地往她的菜袋子里多放一些葱姜蒜，他们称她为"天真姑娘"。

第四章　原谅所有不美好

二

天真曾经办过游学。

她办游学时,孩子们都特别喜欢参加,家长们也喜欢她。

所以,她招生从来不发广告,全靠口碑。

孩子们喜欢她,因为和她在一起特别舒服。

她不会强求孩子们做什么,但孩子们往往被她吸引着做了不少。

大自然里的花草树木,经她之手都变成了宝:花做成了菜,根茎用来熬汤,各种花环项链信手拈来。

她有一颗未泯的童心,擅长创造出很多新花样吸引孩子们,也懂得和孩子们玩,一起看蚂蚁搬家,看蝴蝶嬉戏。

她懂孩子们的心,那些动植物形状的美食,都是她献给孩子们的礼物。

白菜做出来是翡翠白玉卷,番茄与花菜拼成花团锦簇,秋葵包土豆泥做出来的是满天星……

吃的哪里是菜?那是饱含着童心的爱呀!

于是,不爱吃蔬菜的小朋友,爱上了吃蔬菜。

不喜欢大自然的小朋友,迷恋上了探险。

不爱读书的孩子,爱上了听故事,痴迷于她讲的各种小知识。

孩子们围着她,叽叽喳喳地有问不完的问题:"天真老师,这是什么？"

"天真老师，那是做什么的？"

"天真老师，你是怎样知道这么多昆虫种类的呢？"

"天真老师，这个是什么植物？"

……

孩子们太爱她，恨不得时时黏着她。

有家长不解，问她："为什么孩子们这么喜欢你呢？"

她乐呵呵地答："因为跟着我舒服！"

"怎样才能让孩子舒服呢？有什么秘诀吗？"

"不问晴雨，活在当下，天真便好。"

是啊，一个人心中有春天，春天便在生活里。

一个人心中有天真，天真便在日常里。

而孩子们都有颗亮晶晶的心，哪能不喜欢天真？又有谁不喜欢留在春天里呢？

后来，天真不再办游学了。而那些孩子，在离别了多年之后还会要求父母寄给她礼物，他们亲切地称她为"天真老师"。

三

青年作家张天翼曾写过一个故事。

她有一个患有"抽动秽语综合征"的同学，他就像其他患者一样，不时地触电般哆嗦，口中念念有词。

不过这个同学一点儿也不讨人厌，也没被人歧视，反而深受欢迎。原来，他虽常口中念念有词，但他念叨的不是"秽语"，而是"我爱你"，有时抽得剧烈，则会连说"爱你爱你"。

"爱你爱你"就像是携带能量的词语，让人舒服，让老师同学都有耐心等待他跟人说话或回答问题时的"表白"。

"……我爱你。"

试想，有谁愿意推开一个不时对自己"表白"的人呢？

既然"表白"别人如此动人，那么向自己"表白"呢？

天真就是一个常常对自己"表白"的人。

她对自己的"表白"方式是，认真吃好每一顿饭，认真泡好每一个澡，好好打量遇见的每一棵树、每一朵花，好好对待每一个遇见的人，好好睡觉，好好工作……凡事乐在其中。

一位懂得360度爱自己的人，洋溢出来的爱，自然会让人舒服、温暖。

于是，她成了让人舒服的天真女儿、天真好友、天真姑娘、天真老师……

人住广州的天真，收到的礼物却来自天南地北：那些与她有过一面之缘后散落在天涯海角的人，那些社群里分布在五湖四海、素未谋面却被她的"天真"滋养过的人。

她备受爱宠，穿的、用的、吃的、喝的、戴的、读的，想得到的、想不到的，都被人事无巨细地考虑周全。那份暖暖的爱形成了一个流动的磁场，你无法不被感染。

她感恩所有人，变得更加柔和，人们也更愿意和她在一起。

"我喜欢和你在一起，不光是因为你的样子，还因为和你在一起时我的样子。"

她是爱的集散中心，她分享道："只有先成为爱，才更容易遇见爱。"

我喜欢和她面对面坐着，哪怕话不多，内心那种蓬勃和喜悦感也迎面扑来。

那真是一种舒服的感觉，不会感到拘束，真自在！于是，内心被滋养，能量被焕发。

"你喜欢的我，是你眼里见到的我，是我眼里你的倒影。"

有人说："与凤凰同飞，必是俊鸟。"

同样，和舒服的人在一起，日日如有霓虹，哪怕那些曾经以为永无拨云见日的事，也有月满枝头时。

第五章　特立独行过一生

FIVE

我们不能全是船长,必须有人是水手

一

朋友在电话里诉说着自己的不甘心。

那是一场竞聘,为了竞聘,她已经连续一个月加班到了凌晨。当然,平日里她的工作表现也不错,领导比较看重她。可是,在公司安排的这一场竞聘里,她还是失败了。

她说:"你知道吗?让我难受的不是'吃不到葡萄'的这个结果,而是我内心十分明白,胜出的这个女人各方面的能力都在我之上,我明明已经全力以赴了,却还是远远不如她,这种自我怀疑让人崩溃。"

我回复她:"我们不能全是船长,必须有人是水手。"

她犹豫了一会儿,说:"当水手,总该是不甘心的吧。"

我说:"你愿意当一个快乐的水手,还是做一个愁容满面的船长呢？"

她回答："我想当一个快乐的船长。"

可是，一个快乐的水手，当上船长，不一定也会快乐，毕竟还有比船长级别更高的职位，不是吗？

二

春英和春夏是一对性格迥然不同的双胞胎。

春英敏感，安静，内敛如含羞草。遇到不开心的事，她往往需要花很长时间独自消化。

春夏乐观，大大咧咧，热情如芍药。遇到不如意，她喜欢给自己"打鸡血"，她常对着镜子说："人生不如意之事十有八九，失败了没关系，要想办法补救，做就是了。"

从小到大，姐妹俩考试总稳占第一：姐姐春英第一，妹妹春夏倒数第一。

考了第一的春英很开心，但考了倒数第一的春夏也没有不开心。考了第一的春英更加努力学习，考了倒数第一的春夏常常看着书就见了周公。

去学校参加家长会，春妈妈一边被人羡慕，一边被人叹息。毕竟，家里有一个"别人家"的优秀女儿，又有一个"自己家"的淘气女儿。

老师们常常当着她的面夸奖春英，转向春夏时，也常常是一声意味深长的叹息。

尽管被老师怀疑是不是亲姐妹，尽管总是被亲戚们拿来和姐姐比较，春夏也没有不开心，她甚至自嘲榆木脑袋不开窍。

读完初中，姐姐考上了重点高中，而春夏则终止了学业，跟着一位画画的亲戚去学画画，顺便在工作室打打杂。

读重点高中的姐姐常常不开心，重点高中里高手如云，习惯了第一的姐姐，费了九牛二虎之力，才能将成绩挤进前十。

尽管父母常常劝解她："春英啊，你已经很不错啦！按照惯例，这所高中的前十名都能上很好的大学呢，所以，要让自己放轻松些。"

但春英听不进去，这是一场自我较量。她要当第一，要做高考这艘船上唯一的船长，为此她要求妈妈陪读，理由是宿舍熄灯早，影响她的学习。

陪读的妈妈特别担心春英，因为这孩子学起来很拼命，每天学到凌晨，不到四点又起床继续学，甚至吃饭、走路时都不忘背单词或解题。

高二下学期的期末考，春英终于考了第一名。

妈妈说："春英啊，你终于可以歇会儿了。"

然而，春英比以前更努力了。暑假里，妹妹约她去旅行，闺

第五章 特立独行过一生

密约她一起去游泳,她通通不去,天天把自己关在屋子里学习。

妈妈说:"春英啊,你这样学习会弄垮身体的,不是已经考到第一名了吗?人要学会放松,学习得劳逸结合呀!"

春英说:"妈妈,我放松同学们不放松,很容易就从第一掉下来啦。"

妈妈合上她的书,推着她向门口走去,边推边说:"咱们不需要考第一啊,妈妈更担心的是你的健康。"

然而,没用。

被妈妈推出门的春英转身就去了新华书店,常常一看书就是一整天,有时连午饭都顾不上吃。

没再上学的春夏则天天在工作室打杂,负责工作室的清洁工作、课前绘画拆料准备、课间助教、课后整理,以及跟着学员们四处写生。

她没有绘画基础,也缺少绘画天赋,但她画得很开心。

学员们一波一波地考上了好的艺术学校离开了,她也不着急,依旧只是单纯地画画,单纯地喜欢画,画技依然无心精进。

三年后,春英考上了上海某重点大学,成了家族的骄傲。

升学宴上,大家都在夸姐姐,有亲戚打趣妹妹:"春夏啊,你姐姐这么优秀,你要加油哦。"

脚踩溜冰鞋,双手各托着一个茶盘的春夏,将其中一个茶盘递到亲戚面前,作了一个揖,笑哈哈地说:"春夏加油不行,加茶还是倍儿棒的。各位叔叔阿姨爷爷奶奶们,请喝茶咯。"

没人知道,前一天晚上,姐姐在妹妹怀里哭到睡着后,还不停地喃喃自语:"妈妈,我要去北京读北大呀……"

妹妹帮姐姐轻轻地擦去眼泪,自言自语道:"姐姐,你说你那么厉害,可为什么总是不开心呢?妹妹我虽然只是一个小小的美术课助教,却每天都过得很快乐。"

三

高考失利后,丽丽读了自考生,而好友颜去了重点大学。

在颜的升学宴上,大家簇拥着颜听她侃侃而谈,丽丽则独自一个人在角落发呆。

颜文笔好,常常在各大杂志发表文章。丽丽也有文学梦,她非常努力,却偶尔才有文章发表。

颜大学毕业后去了报社,丽丽成了一名小公司的外贸业务员。

颜收入高,不到两年就出钱给家里盖房子,在朋友圈里风光无限。

丽丽尽管换了家大公司,但待遇依然不好。

颜总是领先丽丽,她的处境,一直是丽丽遥远的梦想。

但说遥远,其实也不算。

第五章 特立独行过一生

脚踏实地奋战了两年,丽丽的外贸事业小有成就。她有不少老客户,即使不再开发新客户,每个月的收入也能轻松过万,好的时候能月入三万。

但她没有告诉任何人,依然白天努力上班,晚上辛苦写作。

得知丽丽业余时间也在写文章,颜来打听她的赞赏收入。当得知每篇文章收入不到50元时,颜乐滋滋地说道:"我每篇文章至少两百呢!"

丽丽切切实实感受到了颜在她面前的优越感。

这优越感以前让她自卑,甚至沮丧,但这一次她却云淡风轻地看开了。如今,外贸事业上的成功,算是让她找到了那口带给她底气的井。这口井水源充足,让她的心灵永葆生机而淡然,不再得陇望蜀,即使再厉害的人在她面前炫耀,她也能一笑而过,然后继续不动声色地努力。

四

慕小姐一直很强势,无论是在职场,还是在家庭中。

公司不景气,慕小姐只能暂时辞职回家。

在此之前,先生一直没有上班,打理着自家的五金厂。

辞职前,慕小姐只是偶尔过问厂里的运营情况。辞职后,她从过问运营情况到给意见,再到插手管理。

明明经验不如先生丰富,但她依然要求先生听她的,希望自己不仅有发言权,还要有决断权。

先生如果在一些问题的决定上没有采纳她的意见,她就和他争吵。

因为受不了吵吵闹闹,先生交出了权力,让她做一把手,自己甘当小兵,将更多的精力花在孩子身上。

然而,她习得的那一套职业经理人的做法压根儿就与这个家族企业不匹配,以致工厂连连亏损,甚至损失了一个大客户。

先生着急,忍不住给她提意见。她不但不听,反而觉得先生看不起她,俩人整日吵吵闹闹。

那一段时间,她陷入了习惯性焦虑——担忧前途,担忧收支,也担心再吵下去整个家就没了。

后来,她在先生的坚持下去看了心理医生。借助心理医生的力量,她逐步砸掉了自己的心墙,尝试着放手,让先生按照自己的想法管理工厂,自己退居财务,安心当一名协助先生运营工厂的"水手"。

不到一年,家族生意扭亏为盈。

稻谷丰收分大年和小年,人的能力与境遇也是如此。

正因为如此,这个世界上没有永恒的船长,也没有永恒的水手。

五

还记得曾走红网络的月收入 3 万元的煎饼摊大妈吗?

周国平说:"一个人不论伟大还是平凡,只要他顺应自己的天性,找到了自己真正喜欢做的事,并且一心把自己喜欢做的事做得尽善尽美,他在这世界上就有了牢不可破的家园。"

对于大妈来说,她的家园是煎饼摊。

对于春夏来说,她的家园是绘画工作室。

对于丽丽来说,她的家园是外贸事业。

对于安于当下的人来说,无论是当船长,还是当水手,只要努力地赶自己的路,或者是做自己擅长的事,把生活过得有滋有味,幸福感都是一样的。

人生中最可贵的是,无论自己在哪儿,从事什么职业,只要拥有自己的一方天地,哪怕只是一个小小的煎饼摊,也没有理由自惭形秽。

开公司有开公司的底气。

职场达人有达人的底气。

路边摊小贩有小贩的底气。

所以,勇敢的煎饼摊大妈敢于喊出:"我月入 3 万,怎么会少你一个鸡蛋。"

言下之意大概是:"我过得也不差,我也有我的幸福,你不要看不起我！"

是的，不管是国企，还是民企；不管是个体户还是上班族；不管是体制内，还是体制外……谁又比谁高级？

同乘一艘船，船长与水手都缺一不可。

如果你还缺少底气，还在因为攀不上"船长"职位而纠结迷茫，那一定是你还没找到内心的"煎饼摊"。

当你找到了，做好了，你不但看得起自己，也能大声地对那些看低你的人说："我月入3万，怎么会少你一个鸡蛋。"

有一种梦想，叫行动力

一

采访小章鱼儿最大的感触就是：这个世界上真的有人在过着你想要的生活，她漂亮，活得随性，做事有目标，有一种天然的生命力。

她是一个敢于梦想、敢于实践的姑娘，同时，她也总能用快速的行动支撑蓬勃壮大的思想。

她说："这个世界那么美，然而陆地面积只占地球总面积的29%，海洋面积占71%，如果只走29%的陆地，终究还是太遗憾了。如果学会潜水，我就能以不同的感受去领略整个地球，这才不枉来这世界走一遭。"

为了感受这71%的海洋，她学会了潜水，到处潜水；为了领略这100%的世界，她开始行万里路。

那年，她花了很长时间计划了欧洲游、马尔代夫潜水与西藏行。但不幸的是，在出发去欧洲前，她的腿不小心骨折了。

医生帮她打好石膏后嘱咐她："至少半年不能下楼。"

旅行计划泡汤了，但她不想闲下来。半年时间，可以干太多事情了，她决定考研，圆自己的研究生梦。

半年争分夺秒的学习让她忘记了疼痛，忘记了自己行动不便。后来，在别人同情的眼神里，她拄着拐杖一瘸一拐地走入考场，并顺利通过了笔试和面试，圆了研究生梦。

眺望未来，不断行动。

日日如此，从不松懈。

拿到研究生学位证和学历证后，小章鱼儿又考上了四川大学的金融博士。

后来，她一边读博，一边跨界多项事业。她一边在旅行、潜水中认识世界，一边担任两家公司的CEO，认识别人，也帮助别人认识他们。

她十分热爱她的职业——个人品牌打造师，帮助他人挖掘身上的亮点，助其瞄准行业痛点，把"素人"打造成独特的个人品牌，累积业绩破亿。

因为帮助他人，她被人尊重，被人爱；同时，在帮他人实现价值的过程中，她也创造着自己的价值，实现着自己的梦想。

第五章 特立独行过一生

这个姑娘几乎天天在忙，不是在工作，就是在学习。就像她给自己取的名字——小章鱼儿，时刻挥动着八爪，吸收着各种各样的知识、技能、意见，接触更多的事物。

不断以零经验开始一个职业，边读博边跨界多项事业。

潜入海底零距离拍摄各类鲨鱼，哪怕历经危险依然乐此不疲。

帮人发现并实现自我价值，教人如何创造收益。

以上这些，都是小章鱼儿的日常活动。

马斯洛提出了人的基本需求的"金字塔"理论：在我们人类的精神内核中，存在着一个内在需要的金字塔，分成五个层次，即生理需要、安全需要、社会需要、尊重需要以及自我实现的需要。

对于小章鱼儿来说，她所做的每件事，都体现并实现着他的自我价值。

二

一个初入社会的学生，一年究竟可以做多少事？

必赢在22岁这一年，做到了这些：不断创造机会让自己从没有经验的互联网"小白"变成一名优秀的活动策划。去过10个城市，看过大山大海，听过很多人讲述他们的人生。读了23本书，读书感悟累计10万字。

这都是必赢爱折腾的结果。

"一旦觉察到自己在无畏地消耗能量,没有真正地干活儿,就会踹自己一脚,推自己一把。"

在室友的眼中,必赢一直是个执行力很强的人,她的大学三年就没有消停过:

她挨个儿宿舍卖过巧克力,送过外卖,发过传单。

她做过App推广,参加过专业的比赛。

她策划过社团活动,让自己尽早适应社会节奏。

身边人难掩对必赢的欣赏:"必赢啊,想做的事情,她就会毫不犹豫地落地执行,她的正能量真是让人振奋。"

她有着一股原始且蓬勃的生命力,她坦然地将自己的欲望与野心摆在门面上:"是的,我就是要赢,我是必赢啊!"

必赢本叫"碧莹",是"碧玉无瑕显风韵,莹晖凭栏照玉人"的"碧莹"。

这名字有一种春回大地、碧水盈盈的美好,让人无限欢喜。

但她却擅自做主,给自己改了一个有着巾帼出征志在必得的气势的名字:必赢。

她说:"碧莹,是屋顶上的风景;必赢,是行动中的信念。"

她有大大小小的目标与理想,遇到困境,擅长给自己打气:行动必定能赢,撸起袖子加油干!

第五章 特立独行过一生

无论在哪个阶段,她都将"行动必定能赢"这个口号落到实处——读高中的时候为了拿数学的全班第一名,她曾经连续刷过12个小时的数学题,最后成功拿到了第一。

在大学社团希望自己能成为管理层,通宵达旦地琢磨策划案是常事,最后通过竞选如愿当上了社团副会长。

走入职场后,连续加班赶项目,通过独特的创意策划和"走心"的方案拿下客户。

这豪气,是必赢的常态。那么,必赢总是在赢吗?

当然不是,她也输过,但输了,姿态好也是赢,反之就如亦舒所说,"做人最要紧是姿态,姿态不好看,赢了也是输"。

不管输赢,只有行动,才能继续大幅泼墨自己的人生。

当然,折腾也需要讲究方法,对于必赢来说,她擅长规划和复盘。

规划明确方向,复盘调整方向,两者给必赢本来淳朴热辣的个性里倾注了行动力,让她成长为一名不折不扣的梦想践行者。

鲜衣怒马少"女"时,且歌且行且"必赢",时间会及时奖励有梦想并积极付诸行动的人。

三

我认识一位民营企业家,他家境良好,中专毕业后当了一名中专老师。在那个年代，他家里就盖有小洋房，有"飞鸽"牌自行车，家境的确不错。

但他突然把工作辞了，义无反顾地跟着几个哥们儿跑广东这块风水宝地来了。

几个伙伴来到心目中的那片热闹之地后，吃喝玩乐，很快就花光了钱。接着，苦日子来临——吃不饱，睡桥洞。风餐露宿是常态，更要紧的是工作不好找，活累钱少。大伙纷纷坚持不住打道回府了，就剩他一个人。

他在建筑工地做了三个月苦力后，换了一份业务员的工作，销售床垫与床上用品。他说，那时候也是疯了，天天上门推销床垫，连做梦都在想法子卖床垫。

他说，晚上他就琢磨着销售术语，白天就去实际操练，回头再完善话术，第二天再实操。

半年后，他业绩喜人。接下来的几年，他在珠三角替这个品牌打天下，业绩月月第一，年底老板直接奖励他一辆奔驰。当然，薪资待遇更是不菲。

但四年后他不想干了，想辞职。老板给他加薪，用十足的诚意挽留他也没能留住。

老板问他想干什么。他说，想折腾，想自己创业，想趁年轻去做一些看起来是做梦的事。

他把过去几年所挣的钱全投进去创立了自己的床上用品品牌，老板欣赏他，甚至借了一部分钱给他。

他很努力，也有魄力，他创立的床上用品品牌曾一度走入全国各大城市、各大商场，后来又多次扩大工厂规模，买地建厂，准备上市。

最终上市失败，但他说："总会有动荡期嘛，阶段性失败太正常了，但我可从来没像现在这么笃定过。相比多年前睡天桥，现在的状况也还算不错嘛。"

季羡林先生曾说："一个百分之百完满的人生是没有的。所以我说，不完满才是人生。"

人生从来就不是线性向前的，要允许曲折，甚至是开倒车。但最难能可贵的是，人也要有再次向前的勇气。

敢于人先的他，定能在不久的将来扳回一局，完成那些难以处理的大项目。

四

厦门大学的毕业典礼上，邹振东教授曾向七千多名毕业生致辞，14分钟发言，全场29次鼓掌，他说：

"人生一百次谨小慎微，总要有一次拍案而起；

"人生一百次放浪形骸，也要认真地爱一次；

"人生一百次不越雷池一步,也要潇洒走一回!

"永远保持一种精神,一种批判精神,不迷信、不盲从、不崇拜任何东西,永远对现状不满足,永远想改造世界,也永远拥抱世界上的美好。"

邹振东教授的话之所以能引起共鸣,根本原因在于:行动是万能的良药,破局一切彷徨的源头在行动。

人活着就要行动,能折腾的时候不行动,就会把萝卜当人参,把泰山当秦川,理所当然地认为眼前就是全世界。

任何人想要挣脱底层,需要行动。

任何人想要扬帆万里,需要行动。

任何人想要登上金字塔顶端,需要行动。

行动起来,你才能看到世界有多么广阔,见证奇迹的发生。加油吧!

不低估自己,也别高估了别人

一

方姗大学学的专业是土木工程,但她一点儿兴趣也没有,倒是对设计产生了浓厚的兴趣。

平日没事的时候,她就用各种设计软件尝试做海报,进行排版练习。

她没有上过专业课,全凭自学。毕业后,她来到深圳,想找一份与设计有关的工作。

但因专业不对口,更重要的是缺少代表作,设计公司看不上她,广告公司不要她,就连稍微大一点儿的公司的品牌推广部门也看不上她。

一个月下来,她备受打击。恰巧有一家面试过的营销公司给她打电话,通知她去上班。这家公司很小,工资也低,但方姗觉得自己专业能力差，设计水平也不高，能有家公司接纳她，她已经十分满足了，更何况这家公司还提供住宿。

对于这家公司，她内心始终怀有一种"下雪天，恰好有人递上雪地靴"的感激。所以，只要有空儿，能帮得上忙，她什么活儿都愿意干，哪怕是设计工作以外的活儿，她也干得心甘情愿。

老板开的是营销策划公司，公司员工包括一个设计总监，一个文案策划，一个设计即方姗，其他6个员工全部是实习生；老板娘也开公司，且在一个办公室办公；老板娘开的是服装公司，员工包括一个仓管，一个商务谈判，还有一个实习生。

服装公司的仓库与公司相通，遇上老板娘的公司去商场做活动，就得搬货，遇上进货，也得搬货。仓管是一个瘦弱的阿姨，她一个人搞不定，少不得叫设计公司的实习生们去帮忙，有时候实习生们去了活动现场，这活儿就落在了方姗身上。

她也不抱怨，平日做设计，废稿很多，但工资照拿，她想刚好可以用这种方式补偿公司。所以，除了设计工作以外，她还积极帮忙搬货、打包、寄快递，只要有空儿，能帮上的忙她都帮。周末，老板娘的促销场缺促销员，她也会去救场。

当然，她也知道，帮忙归帮忙，自己的专业能力提升上去才是关键。所以，除了吃饭、睡觉、打杂外，她一门心思扑在了设计上。

第五章 特立独行过一生

在她心目中,老板和老板娘都是大好人,如果自己的工作能力能提升上去,她那微薄的工资也能得到提升吧?

一年365天,方姗几乎每天都在铆足劲儿学习。到了年底,她以为自己要涨工资了,毕竟实习生们换了一拨又一拨,自己也独立完成了好几个项目。

然而并没有。不但没有涨工资,连年终奖也没有。方姗认为,一定是自己能力不够,所以老板并不认可自己。毕竟,自己这水平与总监相差太远,平日里请总监再修改的设计稿的确也不少。

她思来想去,认定就是自己的设计水平太差,还不配加工资,就继续埋头苦干了一年。

那是她扎扎实实的一年:不是在加班,就是在学习,或者在商场帮老板娘。而且八月份设计总监辞职了,公司所有设计上的活儿,包括服装公司这一年大大小小的活动推广,都是由她完成的。

年底老板娘找她谈话,狠狠地夸了她,说她不怕吃苦,最后还表示给她每月涨500元工资。

方姗在心里合计:自己那点儿工资,即使涨500元也非常少呀!一次性涨500元看着不算少,可是自己底薪低,当初为了有地方施展才华,但苦于自己专业不对口又没经验,便不计待遇地来了这家公司。可两年过去了,方姗觉得自己的专业能力再怎么低,以对公司的贡献而言也配得上这个行业的基本工资了吧?

所以,她大胆地提出了自己的想法。老板娘微笑着听她说完,又微笑着告诉她:"公司的规章制度规定:总监职位以下的员工,如果表现优秀,每年加薪一次,每次加薪不超过500元。我知道你去年没有加薪,要不然这样,我和老胡(即方姗的老板)商量商量,看看能不能多给你加300元。"

方姗想:自己的底薪是1800元,即使加800元,工资也才2600元。一个应届毕业生就有的工资水平,自己却需要讨价还价才能得来。

她觉得自尊心受损,便继续问道:"老板娘,如果抛开规章制度,就我这个人而言,你觉得我值多少?"

老板娘没想到方姗如此直白,一时错愕,但很快又答:"设计上的事我不太懂。关于加工资的事,你别着急,回头我问问老胡的意见。"

最终,老板给出的工资是2800元,说这已经是公司能给她的最高工资了,并且足以与她的水平相配。

老板和老板娘的话让方姗觉得自尊心受挫,埋藏在她心底的骄傲瞬间爆发了。她觉得老板看不起她,继而又陷入了自我怀疑:"自己是不是真的那么差?"

那天晚上，她边哭边问我："我真的就那么差吗？我想辞职，但我不敢，我害怕自己再也无缘设计工作。"

我建议她："水平有没有见涨可以测试测试，比如你可以投简历给那些两年前拒绝过你的公司试一试嘛，说不定情况比你想象中要乐观。"

她半信半疑地照做了。结果，她收到了三家公司的Offer，而且给出的工资都比2800元高出至少一倍。

于是，方姗果断从现公司辞职，然后选择了那家业内有名的公司。

她乐呵呵地对我说："去这家公司上班是我大学时代的梦想，就算工资只有2800元我也会去的。"

我笑笑说："你又来了，记得别低估自己，同时也不要高估这家公司，高估你老板呀！"

虽说不要好高骛远，但也不必妄自菲薄。

给自己时间成长，也要看清他人的脉络。毕竟，没有谁的人生是一路上铺满红毯的。

我们需要倾听外界的评价，但不必将评价体系建立在他人身上。要相信自己，客观地看待自己，而不是事事听信他人。

不将命运寄托在他人身上，而是依托自己，看得起自己，为自己做主。

二

宁七七又辞职了。

考研失败后,宁七七在广州折腾了半年。

因为缺少核心技术与经验,再加上自我定位不清,半年下来,她换了很多工作,或被人嫌弃,或主动放弃,一直处于观望状态。

再次辞职后,她离开了广州,去往深圳。

就在这个节骨眼上,她接到了高中同学琴的合作邀约电话,心里简直比接到世界五百强企业的offer还要开心。

在她心目中,琴就是高高在上的完美"女神",而自己则是毫不起眼的灰姑娘。琴是班长,是学霸,还是学校的播音主持,长得漂亮又有才华,追她的男孩特别多,后来还考上了宁七七梦寐以求的大学。

所以当琴来找她合伙创业时,宁七七认为是幸运女神在眷顾她,真是天上掉馅饼儿了。

琴想创建一个软装平台,说白了,也就是一个链接软装公司、家居布艺与装修户主之间的网站。

琴说她在这样模式的公司待过,有经验,也有一些资源,说她有信心把这事做起来。但她一个人忙不过来,公司现在缺钱也缺人手,她听说七七要来深圳,就想问问她愿不愿意合伙。

第五章 特立独行过一生

面谈时,宁七七再一次被琴折服了。毕业半年的宁七七几乎还是学生的装束,而琴则是连衣裙、高跟鞋外加小西装外套,十分干练又不失女性温柔。

在宁七七同意入股合作后,琴说:"我目前还在职,公司非常时期领导不放人,希望你不要介意,公司前期就得多辛苦你啦!"

宁七七将琴奉为"女神",哪里会介意。她说:"不介意,你好好上班好了,公司有我呢!"

于是,宁七七借钱入了股。从零开始创业,租办公室,招人,建网站,跑业务……忙了整整一年,几乎天天都忙到凌晨。

宁七七上大学时学的是设计专业,创建网站的事儿可谓轻而易举,为节省人工成本,就自己担任了公司设计师一职。宁七七做事有韧劲儿,且伶牙俐齿,搞定客户也有一套,琴提供的那些资源,早就被她反复打了好几遍电话,那些有潜在可能的客户,她都反复催促琴去拜访。

但琴坚持说她忙。那一年,宁七七很少见到琴,琴只在电话里发号施令,哪怕到了公司也不干活儿,依然在现场"遥控",宁七七则大事小事都得忙。

"琴,这客户必须你去拜访。你漂亮又能干,肯定能搞定。"

"七七,我是真忙,你去吧,我相信你。"

"哎呀，我真不行！我这形象，搞搞幕后还行，外出拉客户真不行。"

但无论怎么推辞，琴都坚持说自己走不开，无奈之下，宁七七只能自己硬着头皮上了。她很兴奋，每天都会向琴分享她见客户的心得体会，琴说得不多，每次都是重复那几句话：

"嗯，七七你真棒！"

"嗯，七七，我就相信你能行！"

"我说你行，你就行吧，你看你越干越好。"

宁七七觉得琴对她太好了，总是如此相信她，鼓励她。心里充满了感恩，即使第一年公司没有盈利，她还是忙得不亦乐乎。

渐渐地，宁七七带着三个员工将公司慢慢做大了。第二年，公司还有了盈利。

琴来得频繁了，但依然只动嘴挑剔，却不干活儿。琴来的日子，七七得停下手里的活儿，白天陪吃陪喝，晚上加班到深夜。

有员工不明白，就问她："七七姐，你说你和琴姐合伙图啥啊？她什么也没干，却和你一样分钱，你心里平衡吗？"

宁七七笑着说："她是我的'女神'呀，没有她，我哪能干成这么多事呀？"

员工打趣道："七七姐才是我们的'女神'呢，你那么能干又那么美丽，干什么都能干好的。"

第五章　特立独行过一生

"真的吗？我能干又美丽？这可是我夸琴的台词啦。"

"当然呀！七七姐千万别小看自己，在我们心目中，你才是'女神'。"

宁七七一笑而过，不置可否。到年底，她将所有盈利一分为二，拿了一份给琴。

没想到，第二天琴却跑来拆伙说不干了，要卖掉公司分钱。

宁七七不同意，说公司是自己的心血，不同意卖，同时又调出公司账务，让琴看："你如果觉得分红少，可以看看账目，的确就这点儿。明年我更努力一些，一定会好起来的。如果你还不放心，公司的财务可以由你来管。"

但琴说她找了个"富二代"男朋友，打算结婚，没有精力放在公司的运营上。无奈之下，宁七七只能凑钱买下琴手里的那一半股份，成为公司唯一的老板。

说来奇怪，琴走后，宁七七并不觉得害怕。回看这两年，虽然向琴借力前行，但挑大梁的一直是她自己。

一天，一个高中同学来公司看她，宁七七说起了自己的创业史，并将抽屉里那本翻烂的"客户通讯录"丢给同学说道："你看，就是它，这是琴为公司贡献的资源，我就是靠它发家的。"

同学翻了翻，哈哈大笑："我说宁七七，你可真是'二'，这是一本从网上扒下来的行业黄页电话打印件，你真就没发现？

老实告诉你吧,琴就是个大忽悠,她当初也找过我,但我没搭理她。我看,她就是一直在小看你,在利用你呢!我的傻姑娘。"

宁七七接过通讯录仔细一看,可不是嘛,就是各种黄页的拼凑,自己却一直不曾怀疑过琴。大概是因为太相信她了,才被她过往的光环遮蔽了双眼,傻傻地往前冲了两年。

但宁七七说:"不管怎样,我还是很感激她,谢谢她帮我撕下我自己的'面具',也撕下我心目中她的'面具',让我不再为她着迷,也不再自卑。"

她同学却感慨:"你说你素面朝天,总抬头仰望那化了妆的人,看到的可不就是她的璀璨和你的平凡?你和她之间的'差距'就是这样产生的啊!"

每个人都不必低估自己,也不必高估他人。

小溪有小溪的欢快,大海有大海的深沉。

花有花的芬芳,树有树的葱郁。

生而为人,各有各的美妙。

所以,不要轻易仰望任何人,而要成为你自己。

如果你是鸟,你就不必和鱼比游泳。

如果你是鱼,你也不必和鸟比飞翔。

只要不怂，生活就没办法撂倒你

一

这一生我们总会遇到一些难关，如何熬过难关，几乎是每个人都要面对的问题。

收到父亲遭遇意外事故的消息时，江敏感觉自己的世界突然来了个紧急刹车，然后两眼一抹黑，大脑里一片空白。

当时，她正在开中高层领导会议，手机却不停地震动。电话是哥哥打来的，一连三个。她内心一紧，莫非家里出了什么事？

但她不敢接，董事长正讲话呢。公司决定转型，这是一次转型动员会议，相关员工会被委以重任，江敏也在此名单中。

哥哥不再打电话，却发来一条短信："父亲从建筑工地上失足跌落，身受重伤，昏迷不醒，速回。"

她心里怦怦直跳，后来董事长说了什么，直属领导说了什么，她通通没有听进去。

会议结束，她就迅速告假回家。坐在回家的火车上，她内心极度不安，一是父亲生死未卜，二是事业方面前途未卜。

事故让她的父亲昏迷不醒，但因父亲不能离开药物，同时也需要人照顾，她不得不考虑请长假的问题。

父亲昏迷了两个月，她在医院办公了两个月，那些需要出差加班的项目和工作，她不得不交出去。

转型阶段的公司项目多，她在这个时候抽离主要心力，自然也就无奈地完成了从台前到幕后的转换，本来上升的事业曲线开始下降。

转型中的公司日新月异，后起之秀如过江之鲫。渐渐地，后来者居上，更年轻的同事都在重要岗位了，而她的位置却越来越尴尬。

等父亲的病情稳定下来，她将重心放回职场时，局面已经全然改变。部门换了新领导，八年的努力似乎清零了。

新来的领导一上任就把前任领导管理团队的人全都逼走了。

整个团队人心惶惶，最后仅存两个人，她是其中之一。她的日子并不好过，新领导脾气不好，常常黑着脸，动不动就骂人。

她不敢辞职，因为父亲的医药费高昂，这份工作虽然受气，但收入还算不错。

第五章 特立独行过一生

每当领导暴风雨似的情绪袭面而来时,她内心也刮起一场暴风雨,但她知道自己不能情绪化,要不然肯定就是下一个走的人。

白天职场重压,晚上照顾父亲,凌晨听应酬归来的先生絮叨他的创业烦恼,还得不时应对跑来发脾气的婆婆。婆婆对她迟迟不肯生孩子极度不满,天天打电话催促,不时就跑来儿子的住所破口大骂。

有一阵子,她在公司被领导骂,回家被婆婆骂。她不想让同住的父亲伤心,只能故作轻松地安慰父亲,晚上则常常躲在被子里号啕大哭。

离职,她不敢,她总觉得工作会有转机,不甘心轻易放弃。

离婚,她不舍,她和先生经历了十年的风风雨雨,不能因为被婆婆催着生孩子就放弃。

但身处困境,想要自救,也是件不容易的事。

她竭力控制情绪,告诉自己:"情绪拉扯后腿,如果能控制好自己的情绪,一切就不会崩塌。"

除了工作与照顾家庭,她将所有碎片化的时间都交给了对情绪掌控的研究,时刻调整自己的情绪和心态。

她告诉自己:"在人生低谷期适合做积累,锻炼、读书、结识厉害的人……做身体的积累,知识的积累,能量的积累,财富的积累，人脉的积累。"

至于家事，她告诉自己，不抱怨，不推卸，面对它，接受它，并解决它，也许生一个孩子可以让家庭更和谐。

二

然而，孩子的出生并没有改变什么。

婆婆不喜欢孙女，月子期间就跑了，先生又经常在外出差，她不得不叫哥哥将因她怀孕而接走的父亲送回来，以为父亲多少能帮她一点儿忙。

结果，月子期间她不但要照顾孩子，还得照顾敏感脆弱的父亲。

好在先生体贴，给她请了月嫂，还算安稳地度过了月子期。

产假过后，她陷入了新的困境："要不要重返职场？如果重返职场，孩子谁照顾？父亲谁照顾？"

她本打算辞职，先生却垂头丧气地回来了。他告诉她："公司出了点儿事，作为合伙人的他背负了几十万的债务，可能还会有牢狱之灾。"

先生的话让她天旋地转，上有老下有小，作为挣钱主力的先生这个时候出局，她一个人就是苦撑恐怕也难撑过去。

没有暴戾，也没有怨气，内心的绝望却如海啸般奔腾而出。

第五章 特立独行过一生

孩子和老人睡着后,她和先生抱头痛哭。

然而,哭又有什么用呢?哭泣没用,绝望没用,崩溃更没用。擦干泪以后,还得继续前行。

只是风雨依旧,玫瑰该如何铿锵?

还能怎么办呢?好也罢,坏也罢,精神抖擞地过好每一天,将日子一寸一寸地熬过去。

先生获刑一年八个月,欠债50万元。

江敏没有听旁人"和先生解除婚姻"的劝阻,而是卖了房子替先生还债。让哥哥接走父亲,并主动与婆婆讲和,带着孩子与老人租房住。

儿子突然入狱,婆婆早已吓得六神无主,见儿媳替自己儿子还债,行为果断干脆,她早已在内心视儿媳为救命稻草。

柴静在《看见》里写道:"强大的人不是征服什么,而是能承受什么。"

江敏默默承受起一切压力,她让婆婆帮忙带孩子,自己重返职场。

领导的脾气依旧火爆,工作繁多且杂乱,但身处生活困境和精神衰颓里,工作里的挑战反而变成了她人生里的光亮。

向领导证明自己,成为她熬过这一段艰难岁月的支点。

三

一年八个月后,先生出狱了。

江敏认为自己熬出头了,然而,事情却出乎她的意料。

先生出狱后颓废、萎靡,脾气暴躁,不是借酒浇愁就是扑在牌桌上。更可气的是,他常常在家无故发脾气,弄得鸡飞狗跳。

她只能一次次通过运动、冥想……让自己的内心得到安宁,以此等待先生熬过情绪低谷期。但一晃半年过去了,先生不但没有好转,反而变本加厉地折腾这个小家。

慢慢地,她意识到自己已经没办法唤醒先生,规劝、吵闹,都无济于事。她觉得疲惫不堪,也变得越来越颓唐。

以前,颓唐过后她该修整就修整,"充好电"后爬起来,仍然继续往前跑。但如今,她对先生失望透顶。先生不但不去挣钱,反而花钱大手大脚。这个家单靠她的工资已经无法支撑,连房租都供不上了。

有一次,父亲来看她和孩子,走时在枕头下偷偷放了一千元。

她发现之后,当即大哭不已。三十好几的人,还要父亲操心,她觉得自己糟糕透了。

江敏筋疲力尽,痛苦不堪。她也想走上牌桌,借此麻痹自己。但孩子嗷嗷待哺,父亲年老力弱,自己若再消沉,一切重担就都甩给了哥哥。

第五章 特立独行过一生

她的羞耻心告诉自己,不能任由泥沼把自己吞没,不能轻易认输,不能被生活撂倒。

她决意离了婚,带着孩子住到了哥哥家。同时,她大着胆子向领导提加薪升职的请求,心想,如果他拒绝,她就辞职。

没想到,那个平日里凶神恶煞的领导二话不说,给她升了职、加了薪,而且远远超出她的预期——华南区销售总监。

她激动地跑到领导面前,给了他一个拥抱,告诉他:"你简直是我的天使。"

领导不知道,他的决定居然帮助她结束了她人生的黑暗期。这个升职消息是撬起她那摇摇欲坠的生活的支点,给了她信心与勇气,让她知道自己"死不了"。

狂风吹去灰烬,她的内心重燃希望之火,那个凡事靠自己,一马当先、披荆斩棘的江敏又回来了。

电影《这个杀手不太冷》中有一个经典场景。

马蒂尔达问:"人生是一直这么艰辛,还是只有童年如此。"

莱昂说:"总是如此。"

是的,成年人的世界,没有"容易"二字,或多或少都会经历一些四面楚歌的低谷,关键是如何劫后重生。然而,你只有在人生负重里披甲而行,才能理解什么是真正的劫后重生。

劫后能重生,靠的也正是负重时修炼而来的盔甲。

人生需要理财,更需要理才

一

读大学时,婷婷的最大感受是:忙与穷。

穷学生,又没有什么技能,只能靠出卖体力换取微薄的收入。她在餐厅卖粥的窗口帮忙,每天早上从6:00要忙到8:50,周末也得上班,每个月只有350元薪水。

上午9:00上课,为了不迟到,每天下班后,她都得百米赛跑般向教室冲刺。遇到学生会点名的日子,更是惊心动魄,每次她都恨不得自己能像子弹一样从餐厅直接飞到教室。

除了在餐厅兼职,婷婷还卖过衣服,做过促销员,当过服务员。工作累,又要兼顾学业,婷婷每天只能咬牙坚持,非常辛苦。

然而,尽管拼了命地挣钱,日子也没有变得更好,她依然穷。更令人沮丧的是，到大四找工作时，婷婷发现自己在学习与读书上花的时间太少，专业技能并不扎实，找工作成了一件并不容易的事，而她的室友们都找到了不错的工作，每份工作的待遇也都不错。

婷婷很迷茫，自己明明努力了呀，从没有过半点松懈，为什么人生竟如此无力？

群友"柠檬不酸"在日本留学期间，也遇到过婷婷这样的缺钱困境。

彼时，她初去日本，人生地不熟，要养活自己又要交学费，还有学业压力，非常不易。

起初，因为日语不好，沟通不畅，她只能在印刷厂里工作，这份工作对日语水平的要求极低，是纯粹的体力活。

但没几天，她就辞职了。

原因是她白天要上课，而整晚在工厂上班特别消耗体力和精力，她觉得自己的身心正在被侵蚀。

这是她不能接受的，她知道自己需要挣钱，但有两条底线绝对不能触碰：

第一，不能妨碍学业，学业必须优先得到保障。

第二，身体是一切的根本，唯有身体健康，才能承受来自精神层面以及物质层面的种种困扰，这是所有梦想的基础。

她坚定地告诉自己:"为了交学费花大量的时间打工,最终落下学业是得不偿失的。我要把日语学好,找一份相对轻松又能赚钱的工作。"

她花了几个月的时间专注学习,苦练日语口语,渐渐地,日语水平有所提高。她觉得自己准备好了,便找到了一份料理店的工作。

虽然仍是普通工作,但做起来没有那么耗损精神与时间,同时这份工作还能帮助她练习口语。

慢慢地,随着日语水平的提升,她完全放弃了体力劳动的工作,选择靠技能来赚钱,所选的工作也越来越轻松,她可以把更多的精力花在学习上。

在日语学校的第二年,"柠檬不酸"通过了"日本语能力测试"(JLPT)1级(即现在的N1等级),后来她考上了奈良教育大学,找到了更好的工作。这是一个良性循环。

出色的理才能力,不但让她的才能得到有效增值,也让她的收入倍增。

大学期间,因为成绩优异,她获得了四年学费半免的名额,还获得了两年奖学金。

"也就是说,大学四年期间,我的学费基本为零。"

后来,她还将1年的奖学金60万日币交给妈妈还债。

此阶段"柠檬不酸"的挣钱认知有二：

第一，人生需要理财，更需要理才。为了赚钱拼命打工，自然会影响学习。学习成绩不好，就找不到好工作，这是一个恶性循环。

第二，抓主要任务。学生当然以学业为主，知识就是生产力。

二

有时候，取得最佳成绩的那个人未必是最有天分的人。

W先生入职某咨询公司时，是当年面试成功的那一批应届毕业生中学历最低的，别人是名牌大学研究生，他只是一个普通大学本科毕业生。

入职半年，他整个人陷入极大的恐慌和焦虑中，自己的才能太少了，知识积累也不够，而一同入职的小伙伴们却展现出巨大的才能与才华，大家都干得风生水起。有几个小伙伴甚至已经被公司破格提升为小组长，收入都在他之上。

而他，资质平平，作为公司OA流程上一颗毫不起眼的螺丝钉，压根儿就不会被人看到，更别说升职加薪了。

但他懂得控制自己的注意力，懂得如何持续地将自己的注意力锁定在高价值领域。

一日，读到史上最佳击球手泰德·威廉斯保持高击打率的秘诀——只击打"甜蜜区"里的球,忽略其他。由此,他陷入了长久的思考,自己的"甜蜜区"是什么呢?他全面分析自己工作中的每个触点,发现了一个可增值的"甜蜜区":手机周报。

每周发手机周报到OA上,这是他唯一能露脸的机会,虽然他也不知道领导们能不能看到他的周报,但他还是决定抓住这个个人触点营销的机会,围绕着这个机会去打磨自己的PPT才能。

他变得极度自律且较真儿,每天凌晨睡,不到6点起床,学习各种PPT制作技术;练习如何通过PPT呈现一个项目;练习各种PPT场景术,使自己的PPT看上去上档次;学习各个领域的知识,力图将PPT的设计及内容呈现都做到最佳。

……

他一边学,一边免费帮同事做PPT,无论哪个部门的同事,只要找他帮忙,他都尽力去帮对方把PPT做到最好。

在别人看来,他很傻,他在"白费力气",但他却乐此不疲地坚持着,因为这是他打磨才能、推广才能的方式。

"免费服务——在一无所有的情况下,这是我理才,也是理财的唯一办法。"

然而,免费的就是最受欢迎的,"免费"为他带来了个人流量。很快,他就成为公司里的"PPT红人",他的个人品牌深入人心,风头比同来的伙伴变得更为强劲。

第五章 特立独行过一生

一年多之后，机会找上了门。总裁要在年会做演讲，需要做PPT，同事们立刻将他推荐给总裁。而他也果断地抓住了这个表现的机会，当天晚上就熬夜做了PPT初稿，让机要秘书送给总裁，引来了总裁大加赞叹的目光。

给总裁做了PPT后，总裁记住了他，凡有重要的PPT，都交给他做。一来二去，W先生证明了自己的能力，尽管这项能力是最近一年多才锻炼出来的，但这已经成为他独特的才华，也成为他撬动职业生涯的高效率杠杆——他的工作随之发生了变化，被任命为互联网产品经理。

在别人看来，他是因为运气好才会这么快被调换到好岗位。只有他自己知道，他在本职工作之外，下班之后的所有时间，都用在了提高PPT的技能上。

为了抓住机会，W先生费尽了心思，铆足了劲儿地吸收各种"能量"，才具备了跳级的能力，同时也实现了财富跃迁。

两年后再回头看，当年意气风发的小伙伴仍停留在组长岗位"指点江山"，而当年那个资质平平的他呢？已经再次升职，成为总裁助理。

这让我想起契诃夫以及他那两个才能卓著的哥哥。论才华，契诃夫不如哥哥们，但他珍惜自己的才华，将精力花在创作领域。他自律、节制，将笔力放在严肃创作领域，花了大量时间刻苦练习，最终成为一代大文豪。而他的两个哥哥，一个酗酒行乐让才华泯灭于时间长河，一个热衷于写流俗或者是毁三观的"畅销文"换"快钱"，且因为生活混乱而早逝。

有天赋固然是可喜可贵的事，但如果毫无天赋，就平庸无奇了吗？

未必！辛勤耕耘、精心灌溉、资质平庸者一样能打磨出禁得起时间考验的作品，还可能超越抢跑者。

相反，如果天才不懂得爱惜自己的才华，也会沦落为平庸之辈。

三

理才的成效有时并不能立竿见影，但终究会显现。

四十年前的媛姐，是品学兼优的学霸。从小学到初中，从初中到高中，她一直保持着在班级里数一数二的成绩。

她喜欢读书，也希望能读出个名堂。因为读书，她甚至放弃了当时在老师及家人眼中的香饽饽——中专。

在那时，中专毕业就能挣钱，这似乎是靠近"金钱"最短的路径，也是变现最快的路径。

然而，媛姐很坚决地拒绝了。那时候，她心中并没有理才这个概念，只是单纯地渴望上大学。

第五章 特立独行过一生

然而，现实生活里，总会有意想不到的"沙尘暴"突如其来。高考，她落榜了。

为了帮家人减轻负担，她不得不到家附近的工厂去打工。

从大学梦到生产线女工，她当然难过了一段时间，但既然已经掉进"坑"里，与其怨天尤人，不如穿上盔甲，勇敢前行。

她在生产线上属于技术女工，干的是焊接活儿。干这个活儿的多半是男性，她一个十几岁的小姑娘，每天也不得不在"电光火石"中度过。

邻家少女，慢慢活成了车间女汉子。

然而，不管工作多累人，下班后她都坚持学习。

参加工作的第二年，她参加了成人高考。这一次，她考上了电大，开启了这样的剽悍人生：白天车间女汉子，晚上电大女学生。

整整三年，她边上班，边读电大，最终顺利地拿到了大学毕业证。

这还只是起点，接下来的几年里，她利用休息时间给企业内刊投稿，积极参加公司组织的征文比赛，同时也向各种报纸、杂志投稿。

尽管如此，她的经济并没有什么大的起色，旁人也觉得她白费力气，甚至劝阻她。

但她坚持了下来,十年如一日,哪怕是为人妻,为人母,她也从没有停止学习与写作。

转眼十年已过,当公司宣传干事一职空出来时,她是第一人选,被直接任命。不久,她又升了职,成为集团文化中心的骨干人员,从事了自己喜欢的工作。

从生产线女工走到宣传部管理岗位,再到集团文化中心的骨干人员,全在于她深挖的两条才能渠道:

一是参加成人高考,读了大学,拿到了文凭。

二是磨炼了文笔,成了公司知名的笔杆子。

真正的奖赏,都是时间给予的。

理才的过程也是如此。不放弃,不急躁,不争一时之长短,人在,阵地就在,心想事定成。

处在低谷里,从脚下的路开始铺垫脚石,他日定能攀上高峰。

一蔸雨水一蔸禾

一

一蔸雨水一蔸禾。

在阳光明媚、微吐新绿的春日里,看着蔡皋老师的《一蔸雨水一蔸禾》,我被里面的图文深深地打动了。

因为喜欢书名便买了这本书,翻看内文更是感动,这大概就正如蔡皋老师所说:"人心对好的东西总会有感觉。"

很抽象的生命哲学,却被蔡皋老师写得如诗如画。

那一日读累了,我将它枕在后脑勺,仰卧在草地上,望着远山慢慢品味着文字里所传递出来的生命哲学。

蔡皋老师说:"俗话说'一蔸雨水一蔸禾',每个人头顶上都有一块天,都会有雨水的滋润。"

"石头尚有空子可长草,其他的空间更有可能滋养新事物。"

细细想来,莫不如此。苍茫宇宙间,无论是动物、植物还是人类,无一不是各自领受着自己的命运,各自生长,各苦其苦,各美其美,哪怕再微小的生灵,也总有所苦与所乐,但乐观者总能风行水上。

然而,活着活着,疲惫的人们常常不再伸出手去接住云雨,而是黯然感叹:

"朽木不可雕也。

出生寒门,只能认命。

没有站上风口,只能随波逐流。"

但蔡皋老师告诉我们:"每个人都像一蔸禾苗,能接住雨水,就能接住生命中的礼物。"

只是,我们敢不敢不断地伸出双手,接住这生命之水,浇灌属于自己的桃花源呢?

二

丫丫自小就长得漂亮。

小时候走在路上,总有人夸她好看。

小时候的她,曾被某些艺术表演公司看中。

但丫丫的父母反对女儿走艺术路线,自小"虎爸虎妈"就告诉她："长得漂亮不算本事，美貌是最底层的资本。"

在这种教育环境下长大的丫丫，尽管长相出众且工作能力出色，却始终有一种低姿态。

有男孩追她，她犹豫不决："人家那么优秀，凭什么喜欢我？难道只是因为我的美貌？"

因为这种心态，她常常把好好的恋情搞得一团糟。

有活动举办方邀请她担任主持人，她猜测："是因为我的身高和外貌，人家才抛来橄榄枝的吧？"

因为这样的顾忌，台上的她显得忐忑不安、畏首畏尾，极不自信。

步入职场不到一年，她就升职了。流言四起，连她自己也忍不住怀疑："难道真是因为我长得美？"

她的上司——一位气场超强的绝色美人，告诉她：

"丫丫，你为何总想着要脱下脚上的水晶鞋？美貌是天赐的礼物，如果天降光环，咱们伸出双手接住就是了，用不着背负着如此大的压力啊。

总有人习惯以貌取人，赢了这一道关卡，再靠实力升级打怪，这不是锦上添花的事嘛。

不要拒绝锦上添花的事情，也不要把锦上添花的本领当成救命稻草。

如果自己是个'聚宝盆',那就不要想着只当个'反光镜'。"

上司年轻、美丽、自信,尽管关于她的流言蜚语也满办公室地飞,但她并不在意,依然自信飞扬,霸道、极具才华、做事追求完美。她在任期间,客户满意度极高,业绩也节节攀升。

丫丫作为助理,每日跟在女上司身边,虽未习得总裁范儿,但也逐步冲破旧日枷锁,身上的"不配得感"逐渐削弱,人变得越来越自信,她的职场激情迅速被点燃。

当女上司因升职调离分公司时,她顺利地替代了女上司的职位。

上司离开前告诉她:"你不必成为我的'反光镜',你可以做得更好,接住你的好命,才能活出更高阶的人生。"

三

李哲自小学习成绩就不好,他爸妈为此操碎了心。

他爸妈都是高知,对他要求高,期望也高,自然得想方设法帮他提升学习成绩。

他们帮他提升的主要方法之一,是送他上培训班。

所以,小学、初中、高中,每一个年级的每一门课程,李哲都去上过补习班。

直到高中毕业,市里面大大小小的培训机构,他都去过。

第五章 特立独行过一生

除了本市，每一年的寒暑假，他父母还坚持带他去省会城市上补习班。

有好事者替李哲父母预估，为送孩子上补习班，他们至少花费近百万。

然而，李哲高考仍旧落榜了。

父母想让他复读，但李哲坚决拒绝，并扬言要办补习机构。父母指责他，认为他自己都没考上大学，办学就是误人子弟。

李哲振振有词："那些大大小小的培训机构，我都去过。我太知道如何培训每一门课程，也深知其中的门道。你们相信我就借钱给我，不信我，我自己去凑钱。"

父母不搭理他，他只得找亲戚和朋友借钱，但大家都觉得他疯了："一个怎么学都没能考上大学的人竟然办培训机构，那不是瞎折腾吗？"

邻居们笑话他，也笑话他父母，认为他们白白浪费那么多的补课费：

"古人说'赔了夫人又折兵'，这二老是赔了钱财又折煞了孩子啊！"

"孩子不是读书的料，何苦非要逼迫他读呢？"

"铁树就是铁树，非要当牡丹养，这真是自讨苦吃。"

李哲的父母气得一夜白头，从此不再管他，不逼他复读，也不管他是否创业。

但没想到，几年后，李哲的"'学渣'特训"机构竟然在这个城市里小有名气。

原因有三：

一是他的课程含金量高。在他的机构上课，花同样的钱，相当于上了市面上所有培训机构的同类课程。

二是他擅长营销。他亲历过大大小小培训机构的各种课程优惠活动，对于各类营销活动深谙于心，拆解营销活动对他来说就是小菜一碟。

三是他懂"学渣"心理。自诩是"学渣"的他，懂得"学渣"只要真收心，一定进步飞速。所以他的课程宣传并不是针对父母，而是直接对"学渣"提出挑战，为此他还把学习模式设计成游戏打怪的形式。

来他这儿培训的孩子大多是自愿而来，而非被父母逼迫而来。

自律才能出成绩，因而他的学员学习成绩的提升是显著的，口碑扩散也是快速的。

他的高中校友大学毕业时，他的培训机构已经拥有员工50多名，其中有30人是大学生。

至于他父母早年投资在他身上的百万元补课费，他早就挣回来了。

最让他父母感到荣耀的，是学员家长对儿子的感激。

每当有学生自暴自弃时，他的父母就把李哲的故事讲一遍，末了总不忘强调：

"我家儿子，那一棵被公认的朽木都能变成雕琢朽木的人，你们更是充满希望。

别忘了，朽木找准自己的位置，也可能变成馆藏的艺术品。"

四

作家谢丽尔·桑德伯格在《向前一步》中写道："如果有人邀请你上一艘火箭，你不要问上去之后坐哪儿，你只要上去就可以了。"

在没人邀请的情况下，鲁鲁决定排除艰难万险登上这样一艘"火箭"——成为自己所工作品牌的代理商。

这是鲁鲁的第20份工作，在此之前，她兼过职，创过业，也打过工，但始终在栽跟头，也没能实现自己的富人理想。

从小到大，鲁鲁过得很曲折，也过得很贫穷。

因为家庭原因，她几乎过着现实版"灰姑娘"的生活。她常常转学，从陕西到湖北，从安康到襄阳……日子过得贫寒又奔波。

小学三年级，她从农村到城市读书，被同学嘲笑是"乡巴佬"，那时候她就意识到了钱的重要性。

　　上大学时，她发现同学的家境都比她好，别人拥有很多她从不曾见过的东西。她开始一边读书，一边兼职工作。

　　但她始终没有存到多少钱，或者说始终没有挣到多少钱。

　　这份工作她做了一年。从入职开始，她看着公司从一个代理小公司，慢慢发展成为一个大公司，又创立自己的品牌，并把品牌做大。

　　她意识到，这一行业目前发展迅猛，自己无意中站在了某一个小小的风口。

　　当时正值公司招募代理商，她脑子里忽然闪现一个大胆的想法："既然公司招加盟商，那我为何不开一家？"

　　一想到这个想法，她内心就开始激动。尽管自己当时没有多少存款，但她的直觉告诉自己："自己这粒生命的种子，即将生出根来了。"

　　然而，盘点自己的资源时，她才发现困难重重：作为一个月入3500元的"月光族"，她没有一分存款；父母也没有存款，支持不了她。

　　但增值思维告诉她，人不能只按自己的本事行事，适当的时候需要往上够一够。这样做并不是揠苗助长，而是踮踮脚抓住机会。

于是，她通过借钱以及寻找合伙人的方式，解决了资金困难的问题。

开店的过程中，鲁鲁遇到的困难也不少，但最终都得到了解决，店铺的生意也越来越稳定。

虽然没有实现暴富，但日子一天比一天好。她感激过往的颠沛流离，认为过往的每一段人生旅程，都是一次全新的体验，帮助自己重新认识自己。

五

世间万千事，转化全在心灵的方寸之中。

做到不乱于心，不困于焦虑，才能洞悉日常琐碎里的命运。

双胞胎的出生，给Aaron本不富裕的家庭带来了更大的经济压力。

Aaron的父亲早逝，母亲在他18岁时患上了尿毒症。从18岁开始，Aaron就开始努力挣钱给母亲治病。

然而，尽管他十分努力，日子依然清贫，只能勉强温饱。

不过，面对生活里的种种难处，Aaron始终不卑不亢，即使在最艰辛的时光，他也能尝出幸福的滋味。

就是这种在枯燥生活里发掘流光溢彩的生活能力，吸引了妻子文莉。

文莉也是一位懂得生活的妙人，既可负担油盐酱醋，也可品鉴人间清欢，她能将炊烟袅袅的烟火生活，过成活色生香的欢喜人生。

孩子来了以后，夫妻俩都更忙碌了。Aaron忙于生计，妻子做家务、育儿。

但Aaron爱带孩子，带孩子是Aaron在疲累工作后放松的方式之一。

别的男人怨声载道的苦差，他渐渐地却发现，其中别有洞天。

他坚持天天给孩子读绘本，一有空儿就带孩子逛绘本馆，并成为一家老绘本馆的会员。

经年累月，孩子们在绘本馆里阅读了上千本绘本，而他自己也借助这里打开了另外一扇窗。

因为经常借书，一来二去和绘本馆的老板就非常熟悉了，他向老板提了一些绘本馆的管理以及孩子阅读喜好方面的一些想法。后来他还接管了绘本馆的客服工作，有了一份生活补贴。

妻子文莉爱旅行，孩子来了之后，她坚持带孩子周边"旅行"，其实就是逛各类公园。文莉用照片记录下了点点滴滴，孩子大一点儿，她就和孩子们一起用语音写旅行日记。

文莉的"亲子旅行日记"在朋友圈里引起了大家的关注。

于是，总有人向他们夫妇询问亲子阅读、亲子旅行的话题，这激活了Aaron对亲子教育的热爱，促进了他后来的事业——创办亲子训练营。

这简直是为他们量身定制的事业，既能带自己的孩子，又能挣钱，还干得开心。

有人问他："一样是带孩子，为什么你们带孩子却能带出生产力呢？"

他答："无他，只在于平淡生活里的'向光生长'，以及把白菜当花养的精神头儿。"

六

那些能够找到属于自己的土壤的人，都活出了有滋有味的自在人生。

那如何找到酸碱度以及雨水成分刚刚好的土壤呢？

答案无非是："顺势而为，用好自己的专长，用心活在当下——没有必须抵达的方向，风暴来了奋力挺住，雨水来了奋力接住，晴空万里时则好好享受每时每刻的风和日丽。"

不管当下在过哪种人生，如果始终能保持"一蔸雨水一蔸禾"的憧憬，以及内心的愉悦饱满，就是喜悦的人生。

岁月漫长，愿你我内心从容

一

2010年的时候，我有点儿心灰意冷。那段时间，我刚失恋，一个人孤独地在城市里漂泊。

那时，我常做的两件事是：工作日加班到深夜十二点，然后步行，穿越大剧院广场，晃悠悠地回到住处；周末逛图书馆，随便拿起一本书就开始读，一读就是一整天。

那段时间，除了工作和读书，我发现自己再也静不下来了。跟我合租的萍姐很担心我的状态，周末便拉我去荔枝公园的英语角。

她说："一个人待久了不好，周围得有点儿人气，跟我去凑凑热闹吧。"

我说："我害怕说话。"

第五章 特立独行过一生

她说:"就是知道你害怕说话,所以才拉你去英语角,一群人在那叽里呱啦,是不分你我他的,就像玩偶剧一样,你尽情说就是啦。"

我去了,但依然不说话,只默默地听别人说,听的最多的还是萍姐说英语。

萍姐的工作是货运公司的货代,具体的职责我不清楚,但有一点我知道:需要说英语,需要用英语。

每次去英语角前,萍姐必仔细打扮一番,她肤白、眼大、发如丝,是天然的美女。

我认为她随意和慵懒时最好看,但她爱打扮,每天上班前都必须精心描画一番。

我想,这或许是她用来对抗庸常生活的一种方式。

精心打扮后的萍姐有点儿像商场橱窗里的陶瓷娃娃,我们之间隔着一层厚厚的玻璃窗。我们无话不说的时候,往往是在她卸了妆后的深夜,那时候的她最真实,什么都谈。

萍姐英语说得很好,在英语角谈笑风生,巧笑嫣然……那样的她,让人心生欢喜。

每一次英语角结束之时,必有男士找萍姐要电话号码。她太光芒四射了,自信、漂亮、高贵。

我忽然恍然大悟:这或许是萍姐找男朋友的方式之一呢。

二

我们相识的那一年,萍姐30岁,未婚,没有男朋友。

其实30岁的未嫁女孩,深圳满地都是,但她家里催婚催得凶猛。

这个到了30岁还未出嫁的女儿,在她的家人看来,似乎是奇耻大辱。

但萍姐坚决主张婚姻自由,拒绝了父亲安排的相亲,拒绝了父亲眼中的有钱人,拒绝了母亲眼中的好归宿。

她说,她要自己找理想中的夫婿。

萍姐的理想夫婿需要满足以下六点要求:

一是身高一米七二以上,不能太矮;二是颜值不能太低,不然影响后代;三是会做饭,喜欢做饭,热爱做饭;四是爱老婆,爱家庭,以后还需爱孩子;五是能挣钱,年薪30万以上;六是有房有车,这是锦上添花。

我当时是不婚主义者,所以看这六条,并无多大感触。

萍姐身高一米七二,再穿上高跟鞋,在英语角的人群中有种"鹤立鸡群"的感觉。她说英语时,我打量了她周围的那些男人,光身高就能排除掉一大批,再加上颜值筛选,能剩下的也就那么几位了,至于会不会做饭,有没有钱,这些都得日后相处才知道。

三

然而,尽管递名片的有,要电话号码的有,请吃饭的有,送玫瑰花的也有,但萍姐始终没有开始谈恋爱。

她有些恐慌地说:"以前的女人困在三寸金莲里,一生就在一条街上来回走。我太奶奶就是这样的女人,我奶奶也是,我妈虽然不裹脚,但自从嫁给我爸后,便再也没有离开过我们那个小镇。我不想过她们那样的生活,所以千里迢迢来到了这座城市。"

我说:"那咱们就努力工作呗,让相亲什么的都去见鬼吧!"

但她内心又很不安,一到周末就得去英语角。

我想,从前我一定要去图书馆读书才能心安,大概是因为那能让我忘了前男友。

而萍姐去英语角,是不是为了让自己寻得心安呢?萍姐的英语口语特别棒,去英语角显然不是为了提高英语,那么大概就是让自己保持在寻夫的状态里吧。

她反抗,不想拘泥于世俗与传统,但她做不到始终坚定地坚持原则。

选来选去,纠结来纠结去,萍姐的婚姻大事又在蹉跎中耽搁了。她家里人打电话像呼吸一样,几乎每时每刻相随。

嫁女儿大概成了她们家的年度总目标,没日没夜地催嫁。有时候半夜睡得正香,忽然听到手机铃响,居然是老太太半夜睡不着，给女儿打电话催嫁。

萍姐不敢关机："如果晚上不让老太太发泄完，白天老太太就会找我算账。那会影响我的工作，我不能丢工作，工作是我嫁人的筹码之一，是我挑夫婿的底气，也是我对抗父母的经济基础，是我锦绣生活的保障。"

但我能感觉到，萍姐急了，萍姐约会的频率高了。与人约会，萍姐必带上我。

那一年，我当了一年的电灯泡。我当电灯泡就真的只是电灯泡，从不说话，只静静地听他们说。不知道是不是因为我的原因，萍姐的寻夫事业依然未果。

再后来，我坚决不肯陪她去吃饭了。渐渐地，我对英语角、对相亲、对请萍姐吃饭的那些男人的兴趣都越来越低。

我又开始变得焦躁，对未来充满迷茫。迷茫了一段时间后，我辞职了，决定去其他地方转转。

与萍姐分别的时候，我像老妈子一样告诉她：哪个男人可以考虑，哪个男人花样多要提防。

萍姐哭得稀里哗啦，一如我刚失恋时在她怀里哭得稀里哗啦。

我安慰萍姐："你千万别慌，别恨嫁，我一定给你垫底，你慢慢来。"

她笑了说："你比我小整整5岁呢，怎么垫底？"

第五章　特立独行过一生

四

我在外面整整飘荡了一年。

再回深圳时，三角梅正激烈地绽放，大片大片的玫红色簇拥在一栋又一栋房子的周围，道路两侧更是筑起绵延起伏的红色城墙。

沿着这条红色道路，我到了荔枝公园。

恰巧又是一个周末，依然是一堆人在那里飚英语，但萍姐已不在那里了。

当她父母再掀起猛烈的催婚战时，她妥协了，回到家乡，听从父母的安排，相亲，结婚。

坐在公园里萍姐常坐的那个位置，我头脑中浮现出两个画面：一个是化着精致妆容在英语角谈笑风生的萍姐，一个是迈着小碎步在小镇石板路上来来回回走的萍姐。

后来，我接到过萍姐的电话，她在哭，哭得伤心，哭得绝望，我不说话，她也不说话，她越哭越伤心，电话这头的我也跟着泪流满面。

我不知道她哭什么，或许是怀念大城市的生活，或许是不甘心小镇的生活，又或者是她老公对她不好。

再后来，她再也没有打电话给我。而我，也未联系过她。

如果打电话，我又能说些什么呢？

五

三年后,我去了一趟珠穆朗玛峰和尼泊尔。回城后我决定结婚。再一年,孩子来了。

在柴米油盐的琐碎与孩子的啼哭里,我常感到疲惫。

一次深夜,在给孩子喂了三次奶,换了两次尿不湿,擦了无数次汗之后,听得鼾声阵阵,看着睡得像猪一样的男人时,我的内心忽然陷入绝望,情绪崩溃,躲进厕所号啕大哭。

那时候,我想起一个人:萍姐。她在那个打电话给我的深夜,心境大概也与当下的我如出一辙吧。

罗曼·罗兰在《米开朗基罗传》中写道:"世界上只有一种真正的英雄主义,那就是在认识生活的真相后依然热爱生活。"

我不知道自己能不能成为英雄。未来的路还很长,我只能边走边调整。一路上我连线访谈了一百多个有缘人,并将他们的故事写进了这本小小的书里。

而远方的你,此刻过得好吗?

岁月漫长,愿你我内心从容。